Konzepte zur Kompetenzentwicklung
und zum Lernen im Prozess der Arbeit
– Ergebnisse einer Fallstudie –

Ekkehart Frieling, Ellen Schäfer,
Thomas Fölsch

Konzepte zur Kompetenzentwicklung und zum Lernen im Prozess der Arbeit

– Ergebnisse einer Fallstudie –

Abschlussbericht des Projekts
Betriebliche Kompetenzentwicklung zur
Standortsicherung

Waxmann
Münster / New York
München / Berlin

Bibliografische Informationen der Deutschen Bibliothek
Die Deutsche Bibliothek verzeichnet diese Publikation in der Deutschen Nationalbibliografie; detaillierte bibliografische Daten sind im Internet über http://dnb.ddb.de abrufbar.

Bundesministerium
für Bildung
und Forschung

EUROPÄISCHE UNION

Europäischer Sozialfonds

Gefördert aus Mitteln des Bundesministeriums für Bildung und Forschung sowie vom Bundesministerium für Arbeit und Sozialforschung aus Mitteln des Europäischen Sozialfonds

ISBN 978-3-8309-1779-3

www.waxmann.com
info@waxmann.com

Umschlaggestaltung: Pleßmann Kommunikationsdesign
Umschlagmotiv: Huhtamaki, Druckmaschine
Satz: Stoddart Satz- und Layoutservice, Münster
Druck: Hubert & Co., Göttingen
Gedruckt auf alterungsbeständigem Papier,
säurefrei gemäß ISO 9706

Inhalt

Vorwort

Untersuchungen zur Kompetenzentwicklung der Mitarbeiterinnen und Mitarbeiter in Unternehmen wurden in den letzten Jahren in erheblichem Umfang vom Bundesministerium für Bildung und Forschung (BMBF) unter Beteiligung des Europäischen Sozialfonds gefördert. Es stellt sich daher die Frage, warum eine weitere Untersuchung in einem Großbetrieb erforderlich ist. Der hier vorgelegte Bericht liefert die Begründung.

Der Bericht macht deutlich, mit welchen Methoden, Instrumenten und Verfahren in einem Unternehmen mit ca. 4000 Beschäftigten (am untersuchten Standort) sinnvollerweise Kompetenzentwicklungsmaßnahmen geplant, umgesetzt und evaluiert werden können. Durch die wissenschaftliche Begleitung des Projekts konnte die Vorgehensweise systematisiert, dokumentiert und bewertet werden, so dass der Leser dieses Berichtes ein Verständnis dafür bekommt, wie und mit welchem Einsatz bestimmte Vorgehensweisen verbunden sind und welche Ergebnisse daraus resultieren.

Ein derartiges mehrjähriges Projekt kann nur erfolgreich durchgeführt werden, wenn alle Beteiligten ein Interesse daran haben und das immanente Lernpotenzial ausnutzen, um aus den unvermeidlichen Fehlern und Rückschlägen zu lernen und einen Beitrag zur Optimierung der Prozesse zu leisten. Ohne die Management- und Mitarbeiterbeteiligung, den großen Aufwand im Bereich der innerbetrieblichen Information und Kommunikation sowie der Bereitschaft aller Beteiligten, tatsächlich Veränderungen herbeizuführen, kann ein solch umfangreiches Projekt nicht zum Erfolg geführt werden. Der Dank geht daher in erster Linie an die Führungskräfte und Beschäftigten der B. Braun Melsungen AG, die durch ihre Bereitschaft, an Workshops teilzunehmen, Fragebögen auszufüllen und für Interviews zur Verfügung zu stehen, einen wesentlichen Beitrag zur Gewinnung verwertbarer Daten und Fakten leisteten. Die Betriebsratsmitglieder – insbesondere Frau Pöllmann – haben ihre Kolleginnen und Kollegen immer wieder motiviert, aber auch mit kritischen Beiträgen auf bestimmte Probleme hingewiesen. Das Management – und hier besonders die Abteilung Personalentwicklung – hat unter Leitung von Herrn Sauerwald dazu beigetragen, ein effizientes Projektmanagement zu implementieren und sich abzeichnende Konflikte im Vorfeld zu bereinigen. Aus dem Unternehmen möchten wir uns im Weiteren insbesondere bei Frau Norbisrath, Herrn Hecker, Herrn Feuring, Herrn Malkmes, Herrn Glänzer und Herrn Ross bedanken.

Ganz besonders danken möchten die Verfasser Herrn Schlieper, Herrn Dr. Hingst und Herrn Beez von der Weiterbildungs-Stiftung Wiesbaden sowie Frau Wolf von der IG BCE, die immer darum bemüht waren, die im Projekt gewonnenen Ergebnisse so aufzubereiten, dass sie auch von anderen Unternehmen aus unterschiedlichen Branchen genutzt werden können. Herr Hofer hat als Personalvorstand der B. Braun Melsungen AG ebenso wie Frau Keller-Lauscher und Frau Glänzer von der IG BCE dazu beigetragen, mögliche tarifpolitische Auseinandersetzungen vom Projekt fern zu halten.

Dem Referenten des BMBF, Herrn Sauer, ist es zu verdanken, dass dieses Projekt vom BMBF und der EU gefördert wurde. Er hat es über Jahre konstruktiv und wohlwollend unterstützt.

Im Rahmen von Diplomarbeiten haben die Herren Gösel, Deichmann und Giebel dazu beigetragen, detaillierte Informationen zu sammeln und aufzubereiten. Ein Projekt in diesem Umfang bedarf einer Vielzahl von Mitarbeiterinnen und Mitarbeitern, Unterstützern und studentischen Hilfskräften, und wir möchten uns an dieser Stelle bei allen ganz herzlich bedanken, ohne jeden namentlich nennen zu können.

Kassel, November 2006

Ekkehart Frieling, Ellen Schäfer, Thomas Fölsch

1 Einleitung

1.1 Ausgangslage

Die vielfältigen Veränderungen in der Arbeitswelt verlangen von Organisationen und ihren Mitarbeitern eine kontinuierliche Anpassung an neue Herausforderungen. Dies betrifft den durch die Globalisierung verschärften Wettbewerb, dem viele Unternehmen durch stärkere Kundenorientierung, innovative Produkte und Dienstleistungen, verbesserte Qualität, Kostensenkungsprogramme sowie eine kontinuierliche Optimierung der betrieblichen Abläufe und Arbeitsprozesse zu begegnen suchen (vgl. Bullinger, 1995). Insgesamt kann eine Verschiebung von der Industrie- zur Dienstleistungs-, Wissens- bzw. Kompetenzgesellschaft festgestellt werden. Kompetenzen werden zu zentralen Wettbewerbsfaktoren, in ihnen wird ein Schlüssel für den künftigen Erfolg der Volkswirtschaft, der Gesellschaft, der Unternehmen und des Einzelnen gesehen. Doch während Qualifikationen und Kompetenzen der Mitarbeiter aufgrund des dynamischen wirtschaftlichen Wandels immer wichtiger werden, können die traditionellen Weiterbildungsformen das erforderliche Wissen nicht mehr ausreichend vermitteln. Neben möglichen Transferverlusten wird das für den Arbeitsprozess benötigte Wissen immer spezieller, Arbeitsaufgaben werden zunehmend organisationsspezifisch, die notwendigen betrieblichen Innovationsprozesse setzen selbstorganisiertes Lernen voraus (Bergmann, 2000a). Neben fachlichen und methodischen Kompetenzen muss der Umgang mit Veränderungen, Unsicherheit, wachsenden Leistungsanforderungen, mit neuen Kollegen oder Vorgesetzten, dem Aufbrechen alter Gewohnheiten, Strukturen usw. gelernt werden. Es wird deutlich, dass herkömmliche Weiterbildungsmaßnahmen nicht in der Lage sein können, diese Entwicklungserfordernisse angemessen zu kompensieren.

Traditionell gesehen hat Weiterbildung für die Bewältigung von Zukunftsaufgaben eine bedeutende Funktion (vgl. Holling & Liepmann, 1995; Weiß, 2000a; Ridder & Bruns, 2002). Die betrieblichen Qualifikationsanforderungen bestimmen die Weiterbildungsziele und -inhalte, gleichzeitig sind Unternehmen die größten Träger in der beruflichen Weiterbildung. Mehr als vier Fünftel der Aufwendungen entfallen auf formelles Lernen oder Weiterbildung im engen Sinne (vgl. Weiß, 2000b), die angesichts der Vielfalt, Dynamik und Komplexität der Veränderungen der Arbeitswelt zunehmend an Grenzen stößt (vgl. Staudt & Kriegesmann, 1999). Formal erworbenes Wissen veraltet schnell, in Zeiten der Veränderung greift ein ‚Lernen auf Vorrat' nicht mehr. Daraus ergibt sich die Forderung nach einer engeren Verzahnung von Arbeit und Lernen.

Viele Industrienationen müssen sich darüber hinaus einer weiteren Entwicklung stellen: Die Bevölkerung altert und schrumpft zugleich. Dies wirkt sich auf alle Lebensbereiche und auf die Zusammensetzung der Erwerbspersonenstruktur aus. Die Erschließung der Arbeitskräftepotenziale älterer Beschäftigter nimmt vor dem Hintergrund des demografischen Wandels an Bedeutung zu und muss in der betrieblichen Personalarbeit verstärkt berücksichtigt werden (vgl. Frerichs, 1999).

Für Unternehmen wird betriebliches Lernen mehr und mehr zu einem Instrument für Modernisierung und Innovation. Neue Organisationsstrukturen sowie neue Lehr- und Lernformen entstehen, die Lernanforderungen an die Beschäftigten werden komplexer. Die Strukturveränderungen der betrieblichen Weiterbildung werden seit einigen Jahren vor allem mit Hilfe des Begriffs ‚Kompetenzentwicklung' beschrieben. Kompetenzentwicklung unterscheidet sich von klassischen Weiterbildungsformen dadurch, dass dem Lernen in der Arbeit neben formalisierten Qualifizierungsprozessen eine bedeutende Funktion zukommt. Damit verändert sich die traditionelle Weiterbildung. Die Arbeitswelt von heute – und besonders die von morgen – erfordert innovative Kompetenzentwicklungskonzepte, die alle Beschäftigungsgruppen im Unternehmen einbeziehen und konsequent an Unternehmens- sowie Abteilungszielen auszurichten sind. Der demografische Wandel ist ebenso zu berücksichtigen wie individuelle Leistungsvoraussetzungen und vorhandene Kompetenzen der Beschäftigten. Eine so verstandene Strategie sollte vor dem Hintergrund des Selbstorganisationsprinzips auch mitarbeiterbezogene Ziele berücksichtigen. Zugleich wirft die Gewichtung des informellen Kompetenzerwerbs die Frage auf, wie Arbeitsstrukturen und -tätigkeiten gestaltet sein müssen, um kontinuierliche Lern- und Entwicklungsprozesse zu ermöglichen. Dies ist Aufgabe einer integrativen Personal- und Organisationsentwicklung, die im Fokus des Projekts „Betriebliche Kompetenzentwicklung zur Standortsicherung" steht, das vom Bundesministerium für Bildung und Forschung sowie vom Europäischen Sozialfonds gefördert wurde.

1.2 Hintergründe des Projekts

Ausgehend von skizzierten Herausforderungen erkennen Unternehmen zunehmend die Notwendigkeit, Entwicklungsstrategien anzuwenden, die neben klassischer Weiterbildung das selbstorganisierte Lernen im Prozess der Arbeit berücksichtigen. Die Erkenntnisse finden Eingang in die Tarifpolitik: Tarifverträge der Industriegewerkschaften Metall (IG Metall) und Bergbau, Chemie, Energie (IG BCE) sehen zur Qualifizierung der Mitarbeiter neben der klassischen Weiterbildung das Lernen im Prozess der Arbeit als anrechenbare Qualifizierungsmaßnahme vor. In den Betrieben fließen diese Ansatzpunkte in die Aushandlung von Standortsicherungs- oder Betriebsvereinbarungen ein und bilden die Ausgangslage für das vierjährige Forschungs- und Gestaltungsprojekt bei der Firma B. Braun Melsungen AG. Im Rahmen einer zwischen der Unternehmensleitung, dem Betriebsrat und der IG BCE getroffenen Vereinbarung zur Sicherung der Beschäftigung und zum Ausbau des Standortes Melsungen stellen die Mitarbeiter dem Unternehmen Mehrarbeitstunden außerhalb der regulären Arbeitszeit zur Verfügung, die u. a. für betriebliche Weiterbildung genutzt werden. Der Vertrag beinhaltet im Einzelnen folgende Komponenten:

- Beschäftigungssicherung,
- Mehrarbeit der Beschäftigten am Standort,
- Kompetenzentwicklungskonzept für alle Mitarbeiter,
- Ergebnisbeteiligung für alle Mitarbeiter,
- Maßnahmen zur Gesundheitsförderung,
- Neubau einer modernen Pharmafabrik mit ca. 150 Arbeitsplätzen.

Der Standortsicherungsvertrag, mit dem die Voraussetzung zur Errichtung einer neuen Pharmaproduktion in Melsungen geschaffen wurde, wird „als Meilenstein betrieblicher und tariflicher Personalpolitik" (B. Braun Melsungen AG, 2001, S. 17) bezeichnet. Ausgangspunkt für das Projekt ist das Kompetenzentwicklungskonzept. Hinter diesem Aspekt verbirgt sich weiterhin die Vereinbarung, dass ein Teil der vereinbarten Mehrarbeit in Form von bedarfsgerechten Maßnahmen zur Kompetenzentwicklung abgeleistet werden kann.

2 Projektdesign

Neue Anforderungen an die Beschäftigten müssen im Zuge des gesellschaftlichen und technologischen Wandels in veränderter Form vermittelt werden und es stellt sich die Frage nach praktischen Beispielen, die aufzeigen, wie Kompetenzentwicklung im Unternehmen effizient gestaltet werden kann. Daher entsteht ein Kooperationsprojekt mit Partnern aus Praxis, Beratung und Wissenschaft (vgl. Abschnitt 2.1), das von der Weiterbildungs-Stiftung Wiesbaden gemeinsam mit der B. Braun Melsungen AG, dem Institut für Arbeitswissenschaft der Universität Kassel sowie der Industriegewerkschaft Energie, Bergbau, Chemie durchgeführt wird. Im Rahmen des Vorhabens werden im Wesentlichen drei Zielsetzungen verfolgt (vgl. Abschnitt 2.2). Zur Erreichung der Projektziele wird eine interdisziplinär zusammengesetzte Projektorganisation gebildet (vgl. Abschnitt 2.3), wobei es nicht zuletzt um die Beantwortung verschiedener Forschungsfragen geht (vgl. Abschnitt 2.4).

2.1 Projektpartner

2.1.1 Weiterbildungs-Stiftung Wiesbaden (WBS)

Die Weiterbildungs-Stiftung wurde 1993 vom Bundesarbeitgeberverband Chemie (BAVC) und der damaligen Industriegewerkschaft Chemie, Papier, Keramik (heute Industriegewerkschaft Bergbau, Chemie, Energie, IG BCE) als rechtsfähige Stiftung des bürgerlichen Rechts, die ausschließlich und unmittelbar gemeinnützige Zwecke verfolgt, gegründet. Ziel war die sozialpartnerschaftliche Gestaltung der betrieblichen Weiterbildung, deren Bedeutung in einer raschen technologischen Veränderungen unterworfenen Branche zunimmt. Organ der Stiftung ist ein paritätisch besetzter Vorstand, dem ein ebenfalls paritätisch besetzter Fachbeirat zur Seite gestellt ist.

Die Stiftung ist Dienstleister für Unternehmen der Chemie-Industrie und unterstützt diese durch die Entwicklung von Weiterbildungskonzepten und Fortbildungsmodellen bei ihren Weiterbildungsvorhaben. Besondere Aufmerksamkeit wird aktuellen inhaltlichen und methodischen Trends sowie der politischen Entwicklung, z. B. im europäischen Raum gewidmet. Darüber hinaus berät die Stiftung Unternehmen und Betriebsräte in allen Fragen der beruflichen Weiterbildung.

2.1.2 B. Braun Melsungen AG

Die B. Braun Melsungen AG ist ein Familienunternehmen der Pharmabranche mit Stammsitz in Melsungen. Mit zahlreichen innovativen Ideen für die Medizin werden Anwendern und Patienten immer wieder zukunftsweisende Produktentwicklungen zur Verfügung gestellt. Das Unternehmen ist mit einem Umsatz von 2,6 Mrd. Euro und mehr als 30.000 Mitarbeitern in über 50 Ländern einer der weltgrößten Versorger der internationalen Gesundheitsmärkte (vgl. B. Braun Melsungen AG, 2003).

Das Produktangebot umfasst u. a. chirurgische Instrumente, Spritzen, Kanülen und Katheter, Infusionslösungen, -systeme und -pumpen sowie Dialysetechnik und gliedert sich am Standort Melsungen in die vier Kernbereiche Hospital Care (Produkte für den Einsatz im Krankenhaus), Aesculap (Produkte für die operative Medizin), Medizintechnik (Dialyse-Produkte) und Out Patient Market (Produkte für den außerklinischen Bereich). Daneben finden sich drei funktionale Zentralbereiche und vier Stabsabteilungen (vgl. Tabelle 1).

Tabelle 1: Aufbau der B. Braun Melsungen AG

Sparten	*Zentralbereiche*
1. Hospital Care Produkte für Infusionstherapie, Intensivtherapie, Anästhesie, Kardiologie usw.	1. Personal & Recht 2. Finanzen, Steuern, Controlling 3. Zentrale Service-Bereiche
2. Aesculap Produkte für Orthopädie, Traumatologie, Neurochirurgie, Gefäßchirurgie usw.	Stabsabteilungen 1. Diomedes Health Care 2. Medizinische Wissenschaft
3. Medizintechnik Produkte für Dialyse, extrakorporale Blutbehandlung usw.	3. Unternehmenskommunikation 4. Gesundheitspolitik/Verlagsarbeit
4. Out Patient Market Produkte für Basis Care, Diabetic Care Incontinence Care usw.	

In Melsungen arbeiten zu Projektbeginn ca. 4.850 Mitarbeiter. Davon sind 250 Auszubildende, etwa 2.200 Angestellte und 2.400 Mitarbeiter im gewerblich-technischen Bereich. Da sich Kompetenzentwicklung als strategische Aufgabe auf sämtliche Unternehmensbereiche beziehen soll, werden alle Fachbereiche und Beschäftigungsgruppen in das Projekt integriert. Ein Anteil von ca. 40 % der Beschäftigten, vorrangig in gewerblichen Abteilungen, fällt in die Kategorie der An- und Ungelernten. Insbesondere in diesen Bereichen sind bedarfsgerechte Weiterbildungsmaßnahmen erforderlich, um die Beschäftigten an neue Arbeitsanforderungen anzupassen. Dies gilt ebenfalls für die Mitarbeiter der neuen Pharmafabrik.

2.1.3 Institut für Arbeitswissenschaft der Universität Kassel (IfA)

Mit der Besetzung der beiden Professuren für Arbeitswissenschaft wurde das Fachgebiet Anfang der 1980er Jahre an der Gesamthochschule Kassel eingerichtet. 1990 erfolgte unter Einbeziehung der Professur für Technikanthropologie die Gründung des Instituts für Arbeitswissenschaft (IfA), das 1997 in den Fachbereich Maschinenbau integriert wurde. Durch die Besetzung der neu eingerichteten Lehrstühle für

Projektmanagement und Qualitätsmanagement wird das Institut im Jahr 2005 erheblich erweitert.

Das IfA hat die Aufgabe, die Lehre und Forschung im Fachgebiet Arbeitswissenschaft zu gewährleisten. Die sozio-technische Ausrichtung unterstützt eine integrative Bearbeitung der Forschungs- und Gestaltungsfelder Technik/Ergonomie, Organisation/Organisationsgestaltung sowie Personal- und Kompetenzentwicklung. Die Forschung ist vorwiegend feldorientiert. In Praxisprojekten werden Methoden zur Analyse und Bewertung von Arbeitstätigkeiten oder zur Gestaltung bzw. Evaluation betrieblicher Personal- sowie Organisationsentwicklungsprozesse entwickelt und eingesetzt. Weitere Schwerpunkte liegen auf Verfahren zur Kompetenzmessung und zur Erfassung der Lernförderlichkeit von Arbeitsbedingungen. Praktische Maßnahmen beziehen sich z. B. auf die Ermittlung berufs- oder tätigkeitsspezifischer Belastungen und Beanspruchungen sowie deren Veränderung im Sinne einer humanen Arbeitsgestaltung, auf die Optimierung von Aufbau- und Ablauforganisation, die Einführung und Begleitung von Gruppenarbeit, neuen Arbeitszeitmodellen oder Managementsystemen.

2.1.4 Industriegewerkschaft Bergbau, Chemie, Energie (IG BCE)

Die Industriegewerkschaft Bergbau, Chemie, Energie (IG BCE) versteht sich als Vertretung ihrer Mitglieder und als gesellschaftliche Reformkraft, die Modernisierung und soziale Gerechtigkeit miteinander verbindet. Zugleich steht sie als politisch gestaltende Kraft in der Gesamtverantwortung für Gesellschaft und Wirtschaft. Gerade heute – im Zeitalter der Globalisierung – verkörpert sie Werte, für die sie eintritt: Für ein lebenswertes und humanes Wirtschaftssystem, das allen gleiche Chancen lässt.

Die IG BCE ist eine Gewerkschaft mit traditionsreichen Wurzeln. Anfang der 90er Jahre bündelten die IG Bergbau und Energie (IG BE), die IG Chemie-Papier-Keramik (IG CPK) und die Gewerkschaft LEDER (GL) ihre Kräfte und schlossen sich zu einer neuen zukunftsorientierten, mitgliederstarken und durchsetzungsfähigen Organisation zusammen. 1997 wurde die geplante Fusion vollzogen; die drei Gründungsgewerkschaften verbanden sich zur Industriegewerkschaft Bergbau, Chemie, Energie und damit zur drittgrößten Organisation unter dem Dach des Deutschen Gewerkschaftsbundes (DGB) mit Sitz in Hannover. Die Basis der Organisation bilden die Ortsgruppen und Vertrauenskörper, die auf dieser Ebene gleichberechtigt nebeneinander stehen. Hierauf bauen weitere Einheiten wie der Bezirk, der Landesbezirk und der Hauptvorstand auf.

2.2 Projektziele

Kompetenzentwicklung als Investition in das Humankapital gewinnt weiter an Bedeutung und übernimmt eine wichtige Funktion für die Bereitstellung aktueller sowie künftig notwendiger Kernkompetenzen (vgl. Weiß, 2000a). In der Arbeitswelt von heute müssen die erforderlichen qualifikatorischen Anpassungsprozesse antizipativ und beteiligungsorientiert umgesetzt werden, um neue Arbeitsinhalte rechtzeitig bewältigen zu können. Daher sollen neue Formen der Personalentwicklung unter dem Aspekt des Lernens im Prozess der Arbeit erprobt werden, um eine stärkere Handlungsnähe der beruflichen Qualifizierung zu erreichen. Im Wesentlichen werden drei übergeordnete Ziele verfolgt.

2.2.1 Entwicklung bedarfsgerechter Kompetenzentwicklungsmaßnahmen

Eine Grundlage für die Erarbeitung bedarfsgerechter Kompetenzentwicklungsmaßnahmen ist eine systematische Bedarfsanalyse, die das vorhandene Potenzial der Mitarbeiter sichtbar macht und aktuelle bzw. zukünftige Anforderungen des Unternehmens abbildet. Durch eine Befragung der Führungskräfte des Unternehmens zu Zielen und Veränderungen der Organisationseinheiten sollen im ersten Schritt Anforderungen an die Beschäftigten ermittelt werden. Ergänzend werden die Entwicklungserfordernisse aus Sicht der Mitarbeiter erfasst und vorhandene Qualifikationen sowie Kompetenzen dokumentiert. Die Informationen werden zusammengeführt und so aufbereitet, dass sich die Entwicklungskonzepte an den Zielen des Unternehmens ausrichten lassen und den Bedarf der Mitarbeiter berücksichtigen. Dies dient einer langfristig angelegten Umsetzung von passgenauen Kompetenzentwicklungsmaßnahmen für verschiedene Beschäftigungsgruppen, wie z. B. Un- und Angelernte, Facharbeiter der gewerblichen Abteilungen, Angestellte aus administrativen Bereichen oder Mitarbeiter des Vertriebs, Akademiker und Führungskräfte. Dabei steht nicht nur die inhaltliche Konkretisierung der erforderlichen Entwicklungsmaßnahmen im Vordergrund. Sie sollen unter dem Blickwinkel arbeitsplatznaher und -integrierter Lernformen diskutiert und umgesetzt werden. Neben der Aneignung bzw. Anpassung von Wissen und Können ist die Bereitschaft und die Fähigkeit der Mitarbeiter zur selbstorganisierten Weiterentwicklung der Handlungskompetenz ein wesentlicher Aspekt. Ein weiterer Schwerpunkt des Projekts liegt somit darin, die Definition des eigenen Entwicklungsbedarfs bei den Beschäftigten zu fördern. Darüber hinaus geht es darum, eine dynamische Weiterbildungsplanung in den Fachbereichen mittels geeigneter Methoden zu unterstützen und mit vorhandenen Personalentwicklungsinstrumenten zu verknüpfen.

Ein wichtiges Teilziel liegt in der Erarbeitung und Umsetzung eines Qualifizierungskonzepts für die Mitarbeiter der neuen Pharmafabrik L.I.F.E (Leading Infusion Factory Europe), um die Beschäftigten für neue Arbeitsabläufe, innovative Technologien und damit verbundene Anforderungen zu qualifizieren. Hierfür sollen die Arbeitsabläufe und -prozesse systematisch analysiert werden. Es ist zu dokumentieren, welche Personen mit welchen Qualifikationen welche Tätigkeiten in den verschiedenen Bereichen durchführen und in welcher Kenntnistiefe die einzelnen Teiltätigkeiten beherrscht werden müssen, um auf dieser Basis gezielte Qualifizierungsmaßnahmen abzuleiten.

2.2.2 Schaffung bzw. Weiterentwicklung lernförderlicher Arbeitsbedingungen

Neben traditionellen Weiterbildungs- und Qualifizierungsmaßnahmen trägt insbesondere das Lernen im Prozess der Arbeit zur Kompetenzentwicklung bei. Dieser Ansatz lässt sich durch die Gestaltung der Arbeitsplätze nach lernförderlichen Kriterien unterstützen, wie z. B. Schaffung von Kooperations- und Kommunikationsmöglichkeiten, Beteiligung der Mitarbeiter, ausreichendes Feedback über Arbeitsergebnisse oder ergonomisch gestaltete Umgebungsbedingungen. In diesem Zusammenhang sollen bestehende Arbeitsplätze exemplarisch auf ihre Lernförderlichkeit analysiert und Handlungsempfehlungen zur Um- und Neugestaltung oder Unterstützung bereits vorhandener lernförderlicher Arbeitsstrukturen und Arbeitsbedingungen unterbreitet werden.

2.2.3 Transfer der Ergebnisse

Um den Erkenntnisgewinn zu transferieren, werden die Ergebnisse so aufbereitet, dass generalisierte Kompetenzentwicklungskonzepte abgeleitet werden können, die auf andere Unternehmen übertragbar sind. Hierzu werden verschiedene methodische Vorgehensweisen bei der B. Braun Melsungen AG eingesetzt, evaluiert und in anderen Betrieben erprobt. Als Transferunternehmen fungiert ein mittelständischer Automobilzulieferer der chemischen Industrie. Ergänzend werden externe Informationsveranstaltungen durchgeführt, um die Projektergebnisse einer interessierten Fachöffentlichkeit vorzustellen und zu diskutieren.

2.3 Projektorganisation

Zur Bearbeitung des Projekts werden verschiedene Gremien gebildet (vgl. Abbildung 1). Um die Zielsetzungen und Arbeitsschwerpunkte angemessen berücksichtigen zu können und die Vorgehensweise im Anwendungsfeld zu konkretisieren, wird eine Projektgruppe implementiert, in die Vertreter der Unternehmen (Personalwesen, Personalentwicklung und Betriebsrat) sowie der externen Partner (Gewerkschaft, Weiterbildungs-Stiftung und wissenschaftliche Begleitung) eingebunden sind. Ein Kernteam von externen wissenschaftlichen Mitarbeitern wird mit der Umsetzung der Gesamtaufgaben betraut. Als übergeordnetes Gremium fungiert ein

Lenkungsausschuss, um die notwendigen strukturellen Entwicklungsprozesse im Einklang mit der strategischen Ausrichtung der Unternehmen zu gestalten.

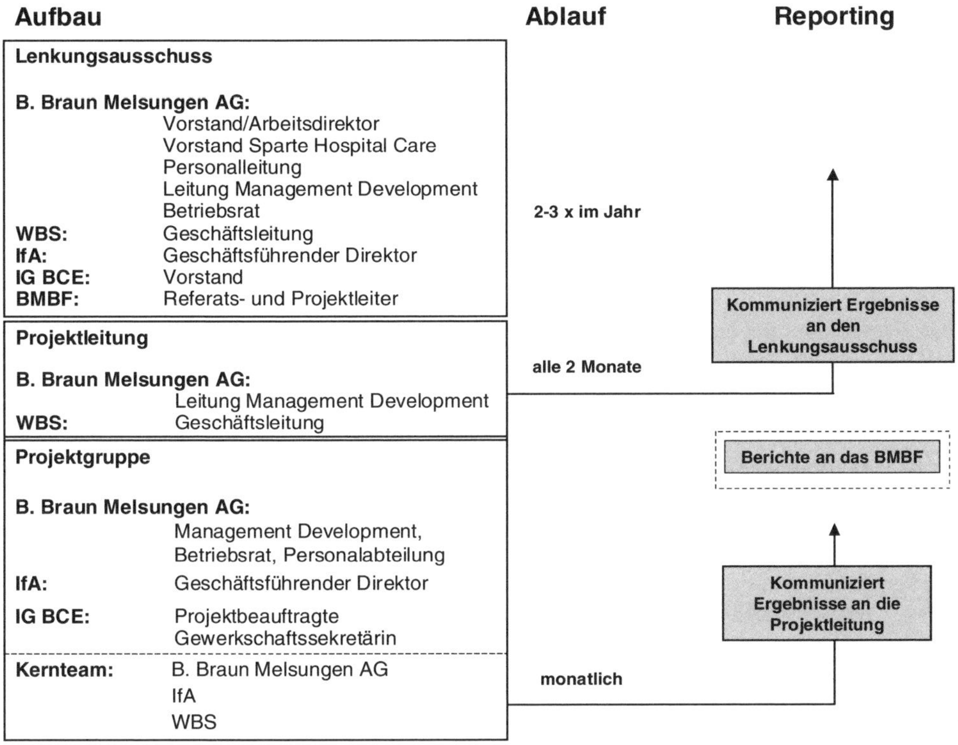

Abbildung 1: Projekt- und Kommunikationsstruktur

Die organisatorische Anbindung im Unternehmen erfolgt in der Abteilung Management Development, die für die Personalentwicklung in der gesamten B. Braun Melsungen-Gruppe zuständig ist. Die Abteilung verfolgt den Ansatz einer strategischen Personalentwicklung mit internationaler Ausrichtung. Die Einbindung von Vorstand und Vertretern des oberen Managements verdeutlicht den Stellenwert, den innovative Personalentwicklung bei der B. Braun Melsungen AG hat. Darüber hinaus kann eine konsequente Umsetzung der Projektziele im Einklang mit der strategischen Ausrichtung des Unternehmens gesichert und das Commitment der Führungskräfte aus den Fachbereichen gefördert werden. Der Betriebsrat und die Gewerkschaft übernehmen eine wichtige Rolle: Um aus Betroffenen zugleich Beteiligte zu machen, bedarf es der Unterstützung durch Arbeitnehmervertreter. Der sozialpartnerschaftliche Ansatz soll gewährleisten, dass die verschiedenen Interessen der Beteiligten angemessen berücksichtigt und kooperativ eingebracht werden.

2.3.1 Lenkungsausschuss und Projektleitung

Die strategische Ausrichtung wird durch einen Lenkungsausschuss koordiniert, der als steuerndes Gremium dient und dem Vertreter der Unternehmensleitung und des Betriebsrats der B. Braun Melsungen AG, der IG BCE, des IfA sowie des zuständigen Referatsleiters des BMBF angehören. Eingebunden ist darüber hinaus die Projektleitung, die vom Geschäftsführer der Weiterbildungs-Stiftung gemeinsam mit dem Leiter der Abteilung Management Development der B. Braun Melsungen AG übernommen wird.

2.3.2 Projektgruppe und Kernteam

Die Projektgruppe besteht aus je drei Vertretern des Unternehmens und des Betriebsrats der B. Braun Melsungen AG, einem Vertreter der IG BCE, der Leitung des IfA und der WBS sowie den Projektmitarbeitern des Kernteams. Das Gremium trifft sich in zweimonatlichem Turnus zur Abstimmung der Gesamtaufgaben, die vom Kernteam umgesetzt werden. Dieses besteht aus fünf externen, wissenschaftlichen Mitarbeitern, die weitgehend vor Ort tätig sind.

2.4 Forschungsansatz und -fragen

In dem Projekt geht es um die Entwicklung und konkrete Anwendung von übertragbaren Kompetenzentwicklungskonzepten. Dabei bedingt die weit gefasste Themenstellung ein exploratives Design der Studie: Die Auswahl, Entwicklung und der Einsatz geeigneter Methoden sind geprägt von den Projektzielen und den Anforderungen der Praxis, da relevante und übertragbare Ergebnisse erarbeitet werden sollen. Der Forschungszugang ist als Unternehmens- bzw. Fallstudie zu charakterisieren, die auf einem mehrdimensionalen Methodendesign basiert (vgl. Lamnek, 1995), das auf die Begebenheiten bei der B. Braun Melsungen AG angepasst wird (vgl. Kapitel 5).

Während aus einer wissenschaftlichen Perspektive primäranalytische Erhebungen erforderlich sind, wird aus Sicht des Unternehmens ein pragmatischer Ansatz angestrebt. Eine Herausforderung liegt in der Verknüpfung dieser Aspekte bei einer gleichberechtigten Einbeziehung aller beteiligten Akteursgruppen. In Verbindung mit den Projektzielen geht es schwerpunktmäßig um die Erarbeitung von praktischen Beispielen zur effektiven Gestaltung betrieblicher Kompetenzentwicklungsprozesse und den Transfer der Erkenntnisse (vgl. ausführlich Kapitel 6). Hieraus lassen sich weitere Fragestellungen ableiten, die näher zu beleuchten sind:

- Welche organisatorischen Aspekte sind bei der Einführung des Kompetenzentwicklungsansatzes in der Praxis zu beachten?
- Welche informatorischen Maßnahmen sind erforderlich, um den Kompetenzentwicklungsansatz im Unternehmen zu vermitteln?

- Welche Methoden zur Analyse der betrieblichen Kompetenzentwicklung sollten eingesetzt werden, um Entwicklungsmaßnahmen partizipativ zu erarbeiten?
- Wie kann die Nutzung der Instrumente bzw. die Nachhaltigkeit der Vorgehensweise unterstützt werden?
- Welche Weiterbildungs- bzw. Entwicklungsschwerpunkte zeigen sich bei verschiedenen Tätigkeitsgruppen?
- Wie kann sich die betriebliche Personalentwicklung effizient mit den Facetten des Themas Altersstruktur befassen?

Zu Beginn des Vorhabens wird die einschlägige Literatur zur Kompetenzentwicklung gesichtet, um einen kurzen Überblick über den Stand der Forschung zu schaffen. Neben der Erarbeitung von theoretischen Grundlagen gilt es, mögliche Methoden zur Analyse und Gestaltung betrieblicher Kompetenzentwicklungsprozesse zu diskutieren, die im Projektverlauf gemeinsam mit den Kooperationspartnern spezifiziert werden. Hiermit beschäftigten sich die nachfolgenden Kapitel.

3 Grundlagen zur Kompetenzentwicklung

Während es lange Zeit ein grundlegendes Ziel der beruflichen Weiterbildung war, Schlüsselqualifikationen zu fördern (vgl. Mertens, 1974), sind Kompetenzen und ihre Entwicklung als zentrales Bildungsziel seit Beginn der 1990er Jahre in den Mittelpunkt der öffentlichen Diskussion gerückt (vgl. z. B. Bergmann, 2001; Baitsch, 1999; Frieling et al., 2000; Arnold, 1997; Erpenbeck & Heyse, 1996; 1999). Doch was bedeutet Kompetenz und Kompetenzentwicklung für den Einzelnen, für Gruppen, Abteilungen und Organisationen? Wie entwickeln sich Kompetenzen und wie können diese Prozesse unterstützt werden? Um diese Fragestellungen in theoretischer Hinsicht aufzugreifen, wird nach einer Annäherung an den Kompetenzbegriff kurz auf Entwicklung bzw. Lernen eingegangen und gezeigt, welche Lernformen zu unterscheiden sind (vgl. Abschnitt 3.1). Im betrieblichen Kontext gilt Kompetenzentwicklung als Bindeglied einer integrativen Personal- und Organisationsentwicklung (vgl. Abschnitt 3.2), um die antizipative Anpassung von Organisationen und ihren Mitgliedern an dynamische Veränderungen zu ermöglichen. Hier liegt ein wesentlicher Nutzen des Kompetenzentwicklungsansatzes: Als strategischer Wettbewerbsvorteil sollen Kompetenzen zum Unternehmenserfolg beitragen und aus Sicht der Beschäftigten die Employability fördern. Diese Aspekte werden im Anschluss betrachtet.

3.1 Theoretische Aspekte

3.1.1 Kompetenz

Kompetenz wird als die Befähigung einer Person gesehen, Anforderungen in einem bestimmten Bereich gewachsen zu sein. Doch was befähigt Individuen und welche Anforderungen sind gemeint? Die Klärung dieser Fragestellungen setzt eine Annäherung an den Kompetenzbegriff voraus, der seine Bedeutung deswegen erlangt, weil Anforderungen in der dynamischen Lebens- und Arbeitswelt von heute oft nicht genau definiert werden können. Insgesamt wird davon ausgegangen, dass durch die Auseinandersetzung mit Berufs- und Arbeitsaufgaben, durch das Lernen in Schulen und Hochschulen sowie im Umgang mit Kollegen, Partnern, Konkurrenten, Nachbarn, Freunden, im Hobbybereich usw. eine Vielzahl von informellen und formellen Lernprozessen stattfinden, für deren Ergebnisse sich als übergreifende Bezeichnung der Begriff Kompetenz etabliert hat. Im Erwachsenenalter vollzieht sich Kompetenzentwicklung vermehrt in informellen Strukturen und ungeplanten Prozessen, die teilweise nicht bewusst wahrgenommen werden. Jedoch können die so gewonnenen Erfahrungen von erheblicher Bedeutung für den Berufserfolg sein (vgl. Weiß, 1999; Frank, 2002). Kompetenz umfasst alle Fähigkeiten, Fertigkeiten, Wissens- und Erfahrungsbestände eines Menschen, die ihn bei der Bewältigung vertrauter sowie neuartiger Aufgaben handlungs- und reaktionsfähig machen und sich in der erfolgreichen Bewältigung konkreter Anforderungen zeigen (vgl. Bernien, 1997; Frieling, Kauffeld & Grote, 2003). Im Vergleich zu Qualifikationen ist der Kompetenzbegriff weiter gefasst, da er die Selbstorganisationsfähigkeit des Individuums betont (vgl. Erpenbeck und Heyse, 1999). Qualifikationen hingegen zeigen sich als Bestandteil von Kompetenz in der Tätigkeitsausführung (vgl. Frei et al., 1984; Pätzold, 1999). Tabelle 2 verdeutlicht die Unterschiede zwischen Kompetenzen und Qualifikationen.

Tabelle 2: Abgrenzung von Kompetenzen und Qualifikationen[1]

Kompetenzen	*Qualifikationen*
– Subjektorientiert: Selbstorganisationsfähigkeit des Individuums steht im Vordergrund	– Verwendungsorientiert: werden aktiviert, wenn konkrete Anforderungen bewältigt werden müssen
– Verfolgen einen ganzheitlichen Anspruch, in den die ganze Person einbezogen wird	– Beziehen sich nur auf unmittelbar tätigkeitsbezogene Kenntnisse, Fähigkeiten und Fertigkeiten
– Enthalten neben inhaltlichem und fachlichem Wissen und Können auch außer- bzw. überfachliche Fähigkeiten	– Enthalten inhaltliches bzw. fachliches Wissen und Können
– Umfassen die Vielfalt der prinzipiell unbegrenzten individuellen Handlungsdispositionen	– Umfassen nur Elemente individueller Fähigkeiten
– Zeigen sich im Tätigkeitsvollzug in Form beobachtbarer, situationsgebundener Verhaltensweisen	– Können zertifiziert werden

Im Unternehmen befähigen Kompetenzen den Einzelnen, die Aufgabenstellungen effizient zu erledigen und die eigene Beschäftigungsfähigkeit zu sichern (vgl. Sattelberger, 1999a). In diesem Zusammenhang sind drei Inhaltszuschreibungen zu nennen, die den Kompetenzbegriff charakterisieren (vgl. Becker & Rother, 1998; Probst & Büschel, 1994):

- Dürfen: Kompetenz wird als Zuständigkeit und der Kompetenzinhaber als zuständig und befugt bezeichnet (formale Kompetenz).
- Können: Kompetenz umfasst Fertigkeiten und Kenntnisse und weist den Kompetenzinhaber als sachverständig aus.
- Wollen: Der motivationale Antrieb sorgt dafür, dass die Person, die qualifiziert und formal berechtigt ist, eine Handlung auszuführen, diese in Angriff nimmt.

Im betrieblichen Alltag ist die formale Kompetenz nicht zu vernachlässigen. Zum einen wird der Begriff Kompetenz im allgemeinen Verständnis oft mit formaler Zuständigkeit gleichgesetzt, mit der er traditionell verbunden ist und (vorerst) bleibt. Zum anderen sind Zuständigkeiten (dürfen) und Anforderungen (sollen) als Voraussetzungen für Kompetenzentwicklung anzusehen (vgl. Staudt & Kriegesmann,

1 Quelle: Peters in Anlehnung an Arnold 2001, S. 176ff.; Dehnbostel 2001a, S. 76.

1999). Dies gilt besonders, wenn davon ausgegangen wird, dass sich Kompetenz in der Arbeit durch die Selbstoptimierung der Beschäftigten entwickelt und macht Arbeitsaufgaben erforderlich, die Spielraum lassen und Lernen ermöglichen. Die Konfrontation mit neuartigen, problemhaltigen Aufgaben ist somit eine notwendige Bedingung für Kompetenz (-entwicklung).

Zur Strukturierung des Kompetenzbegriffs wird häufig eine Einteilung in Facetten vorgenommen. Die geläufigste Unterteilung umfasst die Fach-, Methoden-, Sozial- und Selbstkompetenz (vgl. z. B. Arnold & Krämer-Stürzl, 1999; Bergmann, 1999; Erpenbeck & Heyse, 1999; Frieling & Sonntag, 1999; Frieling, 2000):

- Fachkompetenz: Können, Fähigkeiten und Fertigkeiten, die zur Bewältigung der berufs- und arbeitsplatzspezifischen Anforderungen notwendig sind,
- Methodenkompetenz: Berufs- und arbeitsplatzübergreifende Fähigkeiten, z. B. Problemlöse- oder Lernkompetenz,
- Sozialkompetenz: z. B. kommunikative oder kooperative Fähigkeiten in Interaktionssituationen,
- Selbstkompetenz: Einstellungen, Werthaltungen, Motive sowie Selbstwahrnehmung und Selbstorganisation etc.

Andere Ansätze fassen Selbst- und Sozialkompetenz als personale Kompetenz zusammen oder benennen Problemlösekompetenz, Führungskompetenz, sozial-kommunikative Kompetenz, Aktivitätskompetenz (vgl. die neueren Publikationen von Erpenbeck, 2003 oder Heyse, 2003), eine Einteilung in Fach-, Sozial- und Personalkompetenz unternimmt z. B. Elsholz (2002). Einigkeit besteht weitgehend darüber, dass aus einer Integration der verschiedenen Facetten – insbesondere der Fach-, Methoden-, Sozial- und Selbstkompetenz – die (berufliche) Handlungskompetenz entsteht. Weiterhin ist der Debatte um Kompetenz und ihren Erklärungszielen gemeinsam, dass es darum geht, eine nicht genau definierte Zukunft „nicht nur adaptiv, sondern produktiv und kreativ zu bewältigen“ (Erpenbeck & Heyse, 1999, S. 23). Kompetenz ist also mehr als durch Berufsabschluss oder Zusatzausbildung erworbene Qualifikation,[2] und umfasst alle Kenntnisse, Fertigkeiten, Werthaltungen, Einstellungen, Wissens- sowie Erfahrungsbestände, die jeder im Laufe des (Berufs-) Lebens hinzu gewinnt und im (Arbeits-) Alltag aktualisiert (vgl. Dehnbostel, 2001a; Frieling 1999; Bergmann 2000a). Kompetenz ist an einen konkreten Kontext, an das Individuum und seine Befähigung zu eigenverantwortlichem Handeln gebunden. Die Motivation zum selbstorganisierten Lernen und die dispositive Weiterentwicklung der eigenen Handlungskompetenz werden als wichtige Bestandteile angesehen (vgl. Erpenbeck & Heyse, 1996; 1999). Diese Definition wird dem Forschungsvorhaben zugrunde gelegt.

---

2 Kompetenz im hier verstandenen Sinne beinhaltet auch ‘Positionen’, also formal erworbene Qualifikationen, da der Kompetenzbegriff den Bedingungen in der Praxis sonst nicht gerecht werden kann.

3.1.2 Entwicklung und Lernen

Das Projekt beschäftigt sich mit betrieblicher Kompetenzentwicklung. Da sich Kompetenzen aber nicht nur im Betrieb oder während der Arbeit bilden, wird nachfolgend ein kurzer Blick auf allgemeine Aspekte der Entwicklung geworfen. Als besonders bedeutsam sind Sozialisations-, Bildungs- und Lernprozesse anzusehen, die nachfolgend kurz dargestellt werden.

Der Begriff *Sozialisation* bezeichnet die „Aneignung und Verinnerlichung von Werten, Normen, Urteils- und Handlungsmustern, durch die der Mensch vergesellschaftet und handlungsfähig wird und seine persönliche Identität erwirbt" (Huisinga & Lisop, 1999, S. 203). Die Sozialisation ist in aufeinander bezogenen Perspektiven zu betrachten, die neben der Familie durch das soziale Umfeld, die Schul- und Berufsausbildung, die Berufstätigkeit und die im Arbeitsalltag gemachten Erfahrungen beeinflusst wird. Diese konkretisieren das Verhältnis der Arbeitenden gegenüber Arbeitsinhalt, -bedingungen sowie -ergebnissen und besitzen im gesamten Lebenszusammenhang bewusstseinsbildende, persönlichkeitsfördernde und deformierende Auswirkungen (vgl. ausführlich Heinz, 1991). Eng damit verknüpft ist die Biografie, die als Ausdruck von Sozialisationsprozessen bezeichnet wird (vgl. Kaltschmid, 1994). „Der Lebenslauf ergibt sich aus der Interdependenz von Individuum und sozialer sowie physischer Umwelt." (Erpenbeck & Heyse, 1999, S. 87). In der Biografieforschung wurde u. a. festgestellt, dass Menschen durch Lebensereignisse und -veränderungen lernen, in denen bekannte Orientierungen und Handlungsmuster nicht mehr funktionieren. Bei diesen mit Unsicherheit behafteten Prozessen kann die Reflexion der eigenen Geschichte die Identität fördern und helfen, Zukunftsperspektiven zu entwickeln (vgl. ausführlich Kaltschmid, 1994). Demzufolge kann die Biografieforschung zur Betrachtung von Kompetenzentwicklung herangezogen werden (vgl. Alheit, 2003; Bergmann, 1998; Wardanjan, 2000).

Im Weiteren gilt die *Bildung* als „komplexe Einheit entfalteter Bewusstseinsformen und Kompetenzen" (Huisinga & Lisop, 1999, S. 18), die sich nur als Implikation fassen lässt und in dynamischer Sicht den Prozess der Entwicklung des Subjekts und seiner Kompetenzen beschreibt.[3] Darüber hinaus werden das Allgemeinwissen und die berufliche Qualifikation als Bildung bezeichnet. Weiterbildung als Säule des Bildungssystems ist der Teil, der sich seit Jahrzehnten besonders dynamisch entwickelt, wie insbesondere die Kompetenzdebatte seit Beginn der 90ziger Jahre zeigt. Sie wirft die Frage nach der Wirksamkeit von beruflicher und betrieblicher Weiterbildung auf, die nicht in der Lage zu sein scheint, auf Veränderungen der Arbeitswelt angemessen zu reagieren. Dies manifestiert sich in Forderungen nach einem Paradigmenwechsel ‚von der Weiterbildung zur Kompetenzentwicklung' (vgl. Staudt & Kriegesmann, 1999) und nach einer stärkeren Berücksichtigung informell erworbener Kompetenzen (vgl. Dohmen, 1996).

---

3 Es wird deutlich, wie eng die Verbindung zwischen dem Kompetenz- und Bildungsbegriff ist. Jedoch ist Kompetenzentwicklung nicht als Ansatz gedacht, der die berufliche Bildung ersetzen soll. Es handelt sich um eine Weiterbildungsform, der eine eigene Entwicklungsgeschichte zugrunde liegt, z. B. der Transformationsprozess Ost, vgl. www.abwf.de.

„Alle Menschen lernen – bewusst oder unbewusst – ihr Leben lang.“ (Dohmen, 2001, S. 7). Allgemein wird unter Lernen eine relativ dauerhafte Veränderung des eigenen Handlungspotenzials verstanden, das auf einem Verarbeitungsprozess individueller, stellvertretender Erfahrungen oder Fremderfahrungen beruht (vgl. Staudt & Kley, 2001). In den aktuellen Diskussionen finden sich vor allem zwei Ansätze, die im Rahmen des Forschungsprojekts näher betrachtet werden sollen.

Als *formelles Lernen* wird ein von Bildungsinstitutionen veranstaltetes Lernen verstanden. Zur Abgrenzung von anderen Lernarten wird die Planmäßigkeit in besonderen Bildungsveranstaltungen herausgestellt. Hierunter fallen strukturierte Maßnahmen, die zu anerkannten Abschlüssen oder Zertifikaten führen (vgl. Straka, 2000). Es handelt sich um kursförmig organisierte und auf formale Abschlüsse zielende Prozesse mit hohem Lehranteil, die als standardisierte Curricula bezeichnet werden (vgl. Staudt & Kley, 2001; Straka, 2000). In diesem Zusammenhang wird die Planung und Organisation der Bedingungen und/oder Inhalte des Lernens in Form kontrollierter, strukturierter Bildungsgänge sowie die Beurteilung der angestrebten Ergebnisse hervorgehoben. Die Prozesse sind dadurch charakterisiert, dass Lernen und Anwenden getrennt voneinander stattfinden. Daher stellt insbesondere das *informelle Lernen* eine wesentliche Grundlage für viele Erklärungs- und Beschreibungsansätze zur Kompetenzentwicklung dar. Lernen beruht auf einer natürlichen Neugierde, auf einem Selbstbehauptungs- und Partizipationsstreben in einer komplexen Umwelt (vgl. Dohmen, 1996). Es steht in der Mitte von formellem und nicht bewusst reflektiertem Lernen in Sozialisations- sowie Erfahrungsprozessen (vgl. Kirchhöfer, 2000). Da es problemorientiert auf eine Situationsbewältigung bezogen ist, sind Verfremdungs-, Motivations- oder Frustrationsprobleme des praxisfernen, auf Prüfungen bezogenen Lernens weniger virulent. In diesen komparativen Vorteilen wird ein besonderes Potenzial gesehen (vgl. Staudt & Kley, 2001; Knöchel, 2000), und es ist zu überlegen, wie informelle Lernprozesse gezielt gefördert werden können. Frieling et al. (2001) betonen die Gestaltung der Arbeit als elementaren Ansatzpunkt (vgl. auch Frieling, 2004; Frei, Duell, & Baitsch, 1984; Bergmann, 2000a; 2000b; Dehnbostel et al., 2002; Baethge & Baethge-Kinsky, 2002).[4]

3.2 Kompetenzentwicklung im betrieblichen Kontext

Kompetenzentwicklung ist mit hoher Beschleunigung und Unsicherheit des technischen, wirtschaftlichen und sozialen Wandels verknüpft. Die erforderlichen Organisationsveränderungen im Hinblick auf verbesserte Arbeits- und Prozessgestaltung,

4 Damit verbunden sind Begriffe wie z. B. *selbst- und fremdorganisiertes, selbst- und fremdgesteuertes Lernen*. Insbesondere Selbstorganisation und Selbststeuerung sind wichtige Merkmale kompetenzbasierter Entwicklungsprozesse. Baethge & Schiersmann (1998) und Faust & Holm (2001) gehen davon aus, dass Lernen stets ein gewisses Maß an Selbstorganisation und -steuerung voraussetzt, anderenfalls findet es nicht oder nur restriktiv statt. Daher ist eine Abgrenzung für den hier verfolgten Zweck nicht zwingend erforderlich.

marktorientierte Produktentwicklung, stärkere Kundenorientierung sowie kooperative Führung machen eine aktive Mitwirkung und Mitgestaltung der Beschäftigten erforderlich (vgl. z. B. Frieling, 1999). Dies verstärkt den Druck auf Personalentwickler, sich mit Organisationsentwicklung zu beschäftigen. Die Wechselbeziehungen zwischen Organisations- und Personalentwicklung werden durch verschiedene unternehmensinterne und -externe Faktoren beeinflusst (vgl. Frieling, 2004), z. B.:

- Einsatz neuer Technologien und Techniken,
- neue Produkte und Materialien,
- Reorganisation von Produktentstehungsprozessen bzw. der Arbeitsorganisation,
- Neuerungen gesetzlicher Rahmenbedingungen.

Die meisten Veränderungen lösen eine Vielzahl von betrieblich gesteuerten (formellen) bzw. nicht gesteuerten (informellen) Lernprozessen aus, wie die Anpassung an neue Arbeitsabläufe, die Anwendung neuer Technologien, EDV-Programme usw. Die Verbindung von Kompetenzentwicklung in der Arbeit und sich ändernden Arbeitsstrukturen wurde bereits früh von Frei, Duell & Baitsch (1984) dargestellt. Kompetenzentwicklung ist strukturell und in Wechselwirkung verkoppelt mit Veränderungen des Arbeitssystems. Einflussmöglichkeiten der Arbeitenden auf Veränderungen der Organisation und auf die Arbeitsinhalte werden als objektive Voraussetzungen für Kompetenzentwicklung angesehen. Da in stark arbeitsteilig geprägten Strukturen kein Lernen im Prozess der Arbeit möglich ist, kommt der Organisationsentwicklung eine entscheidende Funktion zu und wird neben der Personalentwicklung als Baustein von Kompetenzentwicklung diskutiert.

3.2.1 Verknüpfung von Personal- und Organisationsentwicklung

Ausgangspunkt für die Beschäftigung mit Kompetenzentwicklung war bzw. ist die Erkenntnis, dass traditionelle Weiterbildung für eine antizipative Anpassung der Beschäftigten an die Dynamik der Arbeitswelt und sich wandelnde Anforderungen unzureichend ist und das erforderliche Know-How nicht angemessen bereitstellt (vgl. Bergmann, 2001). In diesem Zusammenhang wird Kompetenzentwicklung als Prozess verstanden, in dem fachliche, methodische, soziale und personale Handlungskompetenzen erweitert, umstrukturiert und aktualisiert werden (vgl. Erpenbeck & Sauer, 2000). Dies ist erreichbar durch eine systematische Verbindung von Lernen in Bildungsmaßnahmen, in Arbeitssituationen und im sozialen Umfeld (vgl. Frieling, 1999; Dehnbostel, Erbe & Novak, 1998). Überträgt man diese Erkenntnis auf die Unternehmenspraxis, geht es um einen ‚breiteren‘ Ansatz der betrieblichen Personalarbeit. Nach Baitsch (1996) findet Kompetenzentwicklung vor allem in der Auseinandersetzung mit Arbeitsaufgaben innerhalb von Gruppen, Teams und Organisationen statt. Kompetenzentwicklung ist strukturell und in Wechselwirkung verkoppelt mit Veränderungen des Arbeitssystems. Einflussmöglichkeiten der Arbeitenden auf Veränderungen der Organisation und auf die Arbeitsinhalte werden als objektive Voraussetzungen für Kompetenzentwicklung angesehen (vgl. Frei, Duell & Baitsch, 1984). Damit sind Lernprozesse in der Arbeit nicht zu trennen von Prozessen der Organisationsentwicklung. So wächst in Verbindung mit dem Kompetenzentwicklungsansatz die Erkenntnis, dass Personal- und Organisationsentwicklung eng miteinander zu verknüpfen ist (vgl. Becker, 1999). Durch die Dezentralisierung von Personalentwicklungsaufgaben wird versucht, eine stärkere Handlungsnähe der betrieblichen Weiterbildung und eine engere Verzahnung von Bildungsmaßnahmen *on, near* und *off the job* zu erreichen (vgl. Staudt & Kriegesmann, 1999; Neuberger, 1994). In diesem Zusammenhang werden Weiterbildung (formales oder non-formales Lernen) und lernförderliche Arbeitsgestaltung (informelles Lernen) unterschieden (vgl. Grünewald & Moraal, 1995).

Betriebliche Weiterbildung

Vielfach kann erforderliches fachliches und/oder methodisches Wissen in Seminaren und Lehrveranstaltungen effektiv angeeignet werden (vgl. Bergmann, 2000b). Die Maßnahmen sind dadurch charakterisiert, dass sie 'fern vom Arbeitsplatz' stattfinden und vorrangig formelle (fremdorganisierte) Lernprozesse initiiert werden. Diese geraten zwar zunehmend in die Kritik, besitzen aber in der betrieblichen Praxis bislang einen hohen Stellenwert und werden diesen nach Ansicht von Experten weiterhin haben (vgl. z. B. Krekel & Gnahs, 2000). Ursachen für die Skepsis gegenüber klassischen Bildungsformen liegen z. B. in der Praxisferne oder der reagierenden, inhaltlichen Ausrichtung. Bemängelt werden pädagogisierende Lehrmodelle sowie Transferverluste bei der Anwendung des Gelernten (vgl. Baitsch, 1999). Die Ermittlung des Bildungsbedarfs ist ebenso wie der Nachweis eines Nutzens durchgeführter Maßnahmen mit methodischen Schwierigkeiten verbunden. Darüber hinaus ist es relativ teuer, Mitarbeiter an formaler Weiterbildung teilnehmen zu lassen. Bei zeitintensiven Trainings ist es nicht möglich, einen Großteil der Beschäftigten freizustellen, da z. B. Produktivitätsverluste zu berücksichtigen sind. Obwohl der Bedarf nach Qualifizierung zunimmt und breite Mitarbeitergruppen umfasst, ist es angesichts hoher Lohn- und Lohnnebenkosten sowie verringerter tariflicher Arbeitszeiten schwieriger geworden, Weiterbildung während der Arbeitszeit durchzuführen. Nach Weiß (2002) ist zwar eine tendenzielle Bereitschaft der Beschäftigten zur Verlagerung von Weiterbildungsaktivitäten in die Freizeit vorhanden, jedoch sind betriebliche und tarifliche Aushandlungsaspekte zu beachten (vgl. ausführlich Weiß, 2002). Als weitere Ansatzpunkte gelten – nicht nur in Folge einer prozessorientierten Gestaltung von Arbeitsabläufen und der Einführung von Gruppenarbeit seit Beginn der 90er Jahre – arbeitsplatznahe Lernformen. Im Gegensatz zu formellen Arrangements finden sie *near the job* statt. Sie können fremd- (z. B. Unterweisung) oder selbstorganisiert (z. B. Lesen eines Fachbuchs aufgrund eigenen Antriebs) sein und haben eine mehr oder weniger ausgeprägte didaktische Struktur. Zusammenfassend zeigt Tabelle 3 mögliche Formen der betrieblichen Kompetenzentwicklung.

Tabelle 3: Formen der betrieblichen Kompetenzentwicklung[5]

Formelle Weiterbildung	*Informations-veranstaltungen*	*Traditionelle Formen arbeitsplatznaher Weiterbildung*	*Neuere Formen arbeitsplatznaher Weitebildung*
Interne Schulungen/ Seminare	Fachvorträge	Unterweisung durch Vorgesetzte	Lernstatt, Lerninsel
Externe Schulungen/ Seminare	Kongresse, Messen, Tagungen	Einarbeitung neuer Mitarbeiter	Qualitätszirkel, Problemlösegruppen
	Interne Informations-veranstaltungen	Erfahrungsaustausch	Lernen mit neuen Medien

Im Fokus der neueren Diskussionen stehen Forderungen nach einer stärkeren Selbstorganisation individueller und gruppenbezogener Lernprozesse (vgl. Schiersmann & Remmele, 2003) sowie einer partizipativen, integrativen Personal- und Organisationsentwicklung (vgl. Frieling, 2004; Frevel, 2000). Wesentlich ist auch die Forderung nach lernförderlicher Arbeitsgestaltung (z. B. Frei, Duell, & Baitsch, 1984; Krapp & Weidenmann, 1992; Ulich, 1992). Es werden systematische Analysen des Lernförderlichkeitspotenzials oder ein Ranking der Arbeitsplätze diskutiert (Frieling, 2005), um arbeitsintegrierte Kompetenzentwicklungsprozesse zu unterstützen. Als Voraussetzung gilt die Gestaltung von Arbeitsplätzen nach lernförderlichen Kriterien, die nachfolgend beschrieben werden.

Lernförderliche Arbeitsgestaltung

Arbeitsintegriertes Lernen erlebt aufgrund der abstrakter werdenden Produktions-, Verwaltungs- und Veränderungsprozesse eine Hochkonjunktur (Lipsmeier, 2000), weil der zur Einschränkung der Effektivität von seminaristischer Weiterbildung führende Transferverlust nicht in diesem Maße auftritt (vgl. Baitsch, 1998; Neuberger, 1994) und der demotivierende Ausschluss bestimmter Beschäftigungsgruppen unterbleibt. Lernen für neue Arbeitsanforderungen unter Realbedingungen und in sich ändernden Strukturen bietet wie keine andere Lernform die Chance, am bestehenden Entwicklungsniveau der Beschäftigten anzuknüpfen. Probleme der Bedarfsermittlung sowie des Nutzennachweises werden minimiert. Aus der Integration von Lernen und Arbeiten erwachsen vielfältige Gestaltungspotenziale und bilden die Basis für kontinuierliche Innovations- und Verbesserungsprozesse. Die Verknüpfung wirkt sich auf die Motivation aus, da der Lernvorgang für die Beteiligten nachvollziehbar und nützlich ist (vgl. Bergmann, 2000a). Diese Prozesse sind jedoch kein Selbstläufer. Lernen findet oft nicht den nötigen Raum oder wird in den Verantwortungsbereich der Mitarbeiter verlagert, ohne entsprechende Rahmenbedingungen zu schaffen. Als essenziell gelten z. B. vollständige, problemhaltige Tätigkeiten (vgl. Hacker, 1986) durch variable und komplexe Arbeitsinhalte (vgl. Frieling, Bernard, Bigalk & Müller, 2001). Auf Ebene des Arbeitsplatzes haben Themenfelder wie Kommunikation, Kooperation, Selbstständigkeit und Partizipa-

5 Quelle: In Anlehnung an Grünwald et al., 1998, S. 30.

tion einen hohen Einfluss. Die Arbeitsaufgaben müssen nachvollziehbar sein, so dass die Beschäftigten ihre Handlungen und deren Ergebnisse beurteilen sowie optimieren können. Dies macht Informations- und Feedbackprozesse unabdingbar. Abbildung 2 fasst relevante Merkmale lernförderlicher Arbeitssysteme zusammen.

- Information über Ziele und Bedeutung der auszuführenden Tätigkeiten
- Effektive Mitwirkung bei der Spezifizierung der Arbeitsziele
- Mitwirkung bei der Planung und Organisation der Arbeitsausführung
- Möglichkeiten zur Kontrolle und Korrektur der Arbeitsausführung
- Variabilität und Komplexität der Tätigkeiten
- Information über das Ergebnis der Tätigkeit, der Leistung und des gesamten Systems
- Notwendigkeit und Möglichkeiten zur Kommunikation und Kooperation
- Möglichkeiten zur Reflexion der gewonnnen Erfahrungen

Abbildung 2: Merkmale lernförderlicher Arbeitssysteme[6]

3.2.2 Nutzen einer Lernkultur Kompetenzentwicklung

Das Bewusstsein für lebenslanges Lernen, die Schaffung lernförderlicher Arbeitsbedingungen zur Unterstützung des (informellen) Lernens und die Integration aller Zielgruppen in (formelle) Weiterbildung bedarf einer Unternehmenskultur, die Lernen positiv bewertet. Auch ist im Umgang mit dem Wandel eine Prozessorientierung, d. h. ein auf ganzheitliche Entwicklung ausgerichtetes Lernen, erforderlich (vgl. Erpenbeck & Sauer, 2000; von Rosenstiel, 2001). Eine solche Kultur kann helfen, das für Entwicklung und Innovation benötigte Lernpotenzial bereitzustellen. Dabei beruht die lernende Organisation neben einer angemessenen Wissensbasis auf der Fähigkeit, neues Wissen aufzunehmen, zu verarbeiten und zu speichern. Eine besondere Rolle obliegt den Mitarbeitern und ihren Dispositionen, Kompetenzen zu entwickeln. Diese sind strukturiert zu bündeln, weil Wissen und Können eines Teams größer ist als die Summe individueller Kompetenz (vgl. Senge, 1996). Dem Team-Lernen kommt eine entscheidende Bedeutung zu, da Teams und nicht einzelne Personen die elementaren Lerneinheiten in heutigen Organisationen bilden (vgl. Kluge, 1999; Gnaht, 1996; Kauffeld, 1999). Ein Ziel muss also darin bestehen, den Organisationsmitgliedern unter Einbeziehung früherer Erfahrungen die effektive und interaktionsorientierte Auseinandersetzung mit situativen Anforderungen zu ermöglichen, so dass Gruppen bzw. Teams zu Erfolgsfaktoren werden (vgl. Bungard & Comelli, 1995).

Für Organisationen besitzen die Kompetenzen ihrer Mitglieder und die Lernfähigkeit des gesamten Systems eine Schlüsselrolle zur erfolgreichen Positionierung am Markt. Hierfür sind Potenziale zu schaffen, die sich im Hinblick auf den Grad

6 Quelle: Frieling, Bernard, Bigalk & Müller, 2001, S. 114.

der Imitierbarkeit, Substituierbarkeit, Einmaligkeit, Knappheit und der Generierung von Wert von anderen unterscheiden (vgl. Simon, 1993, Osterloh, 2001). Diese Kriterien treffen auf Ressourcen zu, die in langfristigen, betriebsspezifischen Prozessen im Unternehmen selbst erzeugt werden, so dass qualifiziertes betriebliches Humanvermögen und Know-how zur Quelle für zusätzliche Wertschöpfung wird (vgl. Hergert & Beicht, 2000). Auch aus Sicht der Beschäftigten sind Kompetenzen zu einer Schlüsselfrage geworden (vgl. Sattelberger, 1999b; Scholz, 2004), die mit der Auflösung tradierter Berufsmuster einhergeht. So beschreibt Employability die Fähigkeit einer Person, auf der Grundlage von Handlungskompetenzen, Wertschöpfungs- und Leistungsfähigkeit die eigene Arbeitskraft immer wieder neu und flexibel anbieten bzw. einsetzen zu können. Die Sicherheit eines festen Arbeitsplatzes muss durch eine Vielfalt persönlicher Fähigkeiten und Fertigkeiten ersetzt werden. Die Beschäftigten müssen Lernanstrengungen in Kauf nehmen und selbst einen Beitrag zum Umgang mit steigendem Leistungsdruck und Veränderungen der Arbeitswelt leisten (vgl. Grote, 2002). Nach Sattelberger (1999b) liegt ein Weg darin, die eigenen Kernkompetenzen zu identifizieren, zu pflegen und berufliche Vielseitigkeit in die Laufbahn zu integrieren. Dies betont die Selbstverantwortung und Eigeninitiative der Mitarbeiter und bedeutet häufig einen Bewusstseinswandel, der vom Management unterstützt werden muss.

3.3 Konsequenzen für die Projektarbeit

Kompetenz beinhaltet verschiedene Facetten und Bestandteile wie Erfahrungen, Einstellungen, Fähigkeiten und Fertigkeiten. Daher kann Kompetenzentwicklung nicht auf einer einzelnen Lernform basieren und umfasst die gesamte Lebenszeit eines Menschen (Dehnbostel, 2001a, 2001b). Sowohl die biografische Sozialisation als auch formelle und informelle Bildungs- bzw. Lernprozesse tragen zur Kompetenzentwicklung bei. Eine Vielzahl von Qualifikationen, Fertigkeiten und explizites Wissen können durch formelle Weiterbildung in institutionellen Bildungseinrichtungen gezielt erworben werden. Das Lernen erfolgt absichtlich mit Blick auf das Ergebnis. Daneben finden informelle Lernprozesse statt. Diese sind anlass- und situationsbezogen oder sporadisch-zufällig (vgl. Dohmen, 2001).

Im betrieblichen Kontext gehört es zur Aufgabe einer modernen Unternehmenspolitik, die Personalentwicklung in Form von Seminaren durch gestalterische Maßnahmen am Arbeitsplatz zu unterstützen. Hierbei geht es nicht nur um die Vermittlung von Fach- oder Methodenkompetenzen, sondern um die Schaffung von Konzepten, die den Austausch sowie die Erweiterung von Wissen durch kommunikative Strukturen, Partizipation und Kooperation fördern. Zugleich wird die Eigeninitiative und Selbstorganisationsfähigkeit der Individuen betont. So stellt Kompetenzentwicklung einen Prozess dar, in dem fachliche, methodische, soziale und personale Kompetenzen dispositiv erweitert und aktualisiert werden. Dies ist nur erreichbar durch die Integration von Personal- und Organisationsentwicklung, da Kompetenzentwicklung vorwiegend in der Auseinandersetzung mit Arbeitsaufgaben stattfindet und zwar innerhalb von Gruppen, Teams und Organisationen. Wesentlich sind gemeinsame Vorstellungen über den richtigen Weg bei allen Beteiligten durch eine entsprechende Lernkultur. Der Dialog mit den Mitarbeitern über ihre Weiterbildung, die Gestaltung ihrer Arbeitsplätze, über Ziele, Entwicklungen und Veränderungen des Unternehmens und des Umfelds müssen zu einer den gesamten Betrieb umfassenden Angelegenheit werden. Lernen und permanente Weiterbildung sollten selbstverständlich sein, ohne zu Überforderungen oder durch eine fehlende Systematik zu Blindqualifikationen zu führen. Mögliche Ansätze zur Unterstützung dieser Anforderungen werden im Rahmen des Forschungsprojekts erprobt. Hierfür werden im nachfolgenden Kapitel 4 methodische Zugänge zu der Thematik ‚betriebliche Kompetenzentwicklung' betrachtet, die anschließend im Praxisfeld konkretisiert werden (vgl. Kapitel 5).

4 Methodische Ansatzpunkte

Besonderer Wert wird auf einen praxisorientierten Ansatz gelegt, im Vordergrund steht die Schaffung eines Konsenses in Bezug auf die methodische Vorgehensweise in den einzelnen Phasen des Projekts, die in enger Zusammenarbeit mit allen Projektpartnern geplant wurden. Gemeinsam mit den Beteiligten sollen Optimierungspotenziale erkannt und Strategien erarbeitet werden, mit denen Kompetenzentwicklungs- und Veränderungsprozesse initiiert, verankert und evaluiert werden können. Dabei bedingt die weit gefasste Themenstellung ein exploratives Design des Forschungsvorhabens, der Suchprozess nach geeigneten Methoden ist zu Beginn offen. Die Betrachtung verschiedener (Analyse-) Methoden erfolgt mit dem Ziel, mit den Projektpartnern eine praxisrelevante Vorgehensweise zu erarbeiten, mit der künftige Anforderungen und Weiterbildungsbedarfe aus unterschiedlichen Perspektiven (Unternehmen, Gruppe, Individuum) erfasst werden können. Um die Einschätzungen von Experten, Führungskräften und Mitarbeitern zur betrieblichen Situation zu erfassen, kommen Verfahren der empirischen Feldforschung (vgl. Abschnitt 4.1) und praxisorientierte Instrumente zur Bildungsbedarfsermittlung (vgl. Abschnitt 4.2) in Frage. Neben biografisch-orientierten Kompetenzanalyseverfahren sollen zur stärkeren Berücksichtigung von Organisationsentwicklung als Baustein von Kompetenzentwicklung auch Tätigkeits- und Arbeitsanalysen hinsichtlich ihres Einsatzspektrums betrachtet werden (vgl. Abschnitt 4.3). Darüber hinaus ist die Evaluation des Forschungsvorhabens und der erzielten Ergebnisse methodisch zu untermauern (vgl. Abschnitt 4.4). Insgesamt muss beachtet werden, dass die einzusetzenden Methoden unterstützend auf Reflexions- und Lernprozesse sowie auf die Selbstorganisationsfähigkeit der Beteiligten wirken und für verschiedene Zielgruppen und Unternehmen nutzbar sein sollen.

4.1 Wissenschaftliche Erhebungsmethoden

Die Betrachtung allgemeiner Erhebungsmethoden erfolgt mit dem Ziel, gemeinsam mit den betrieblichen Kooperationspartnern eine neue Vorgehensweise zur Analyse und Gestaltung von Kompetenzentwicklungsprozessen zu entwickeln, mit der künftige Anforderungen und Weiterbildungsbedarfe erfasst werden können. Hierfür werden verschiedene Befragungsformen auf ihre Anwendungsmöglichkeiten hin geprüft. Gemäß Abbildung 3 finden sich quantitative und qualitative Erhebungsmethoden, die sich nach dem Medium (mündlich/schriftlich), der sozialen Dimension (einzeln/Gruppe) und dem Grad der Standardisierung unterscheiden (vgl. Lamnek, 1995; Borg, 1995; ausführlich Frieling & Sonntag, 1999, S. 66ff.).

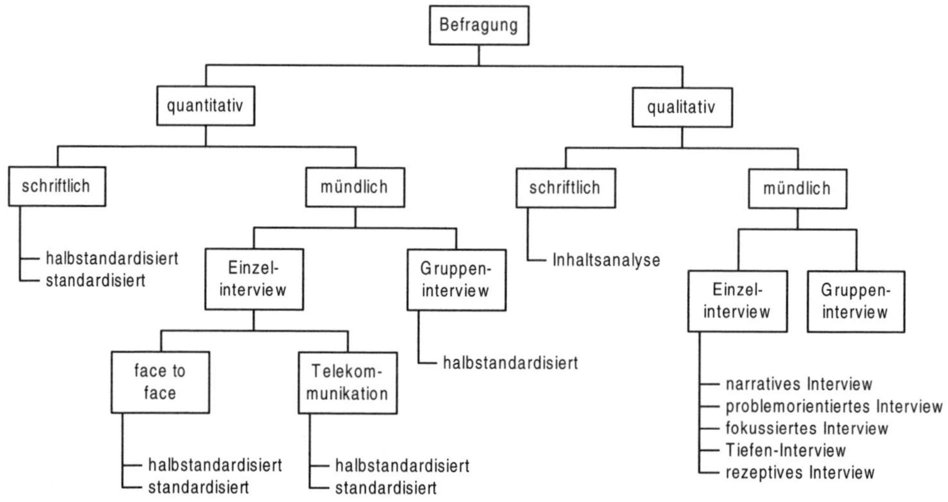

Abbildung 3: Befragungsmethoden/-formen[7]

Aufgrund der Zielsetzungen des Projekts kann davon ausgegangen werden, dass im Rahmen einer Bildungsbedarfsanalyse standardisierte Fragestellungen ableitbar sind. Inwieweit dies für Antwortvorgaben zutrifft, ist im Praxisfeld zu prüfen. Eine Perspektive bildet die von Frieling & Sonntag (1999) vorgeschlagene Möglichkeit, die halbstandardisierte Frageform in ein standardisiertes Verfahren zu integrieren. Dies ist zielführend, wenn man nicht über das Fachwissen verfügt, um alle Antwortalternativen vorab zu formulieren. Eine mündliche Befragung, z. B. in Form von Einzelinterviews, scheint in Anbetracht der Anzahl zu befragender Personen teilweise unökonomisch. Somit kommen halbstandardisierte schriftliche Befragungen in die engere Wahl. Ferner können Einzel- oder Gruppeninterviews bzw. -diskussionen in Betracht gezogen werden, da die Survey-and-Feedback-Methode neben der Datenerhebung und Rückmeldung eine systematische Reflexion mit den betroffenen Organisationsmitgliedern erforderlich macht. Dies bezieht sich z. B. darauf, dass die Analyseergebnisse von den Beteiligten zur Gestaltung betrieblicher Kompetenzentwicklungsmaßnahmen verwendet werden sollen. Die Vorteile von Gruppendiskussionen liegen in der Erzeugung von Anregungen, der Erarbeitung von gemeinsamen Vorschlägen mit größerer Akzeptanz für die Betroffenen, in der Zeitersparnis und Transparenz der Informationsgewinnung sowie -aufbereitung (vgl. Frieling & Sonntag, 1999).

7 Quelle: Frieling & Sonntag, 1999, S. 64.

4.2 Methoden zur Analyse des Bildungsbedarfs

Die Erfassung betrieblicher Entwicklungsanforderungen/-bedarfe ist in Theorie und Praxis seit langem ein viel diskutiertes Thema. So findet sich in der Literatur eine Fülle von analytischen und pragmatischen Zugängen zur Personalentwicklung (vgl. z. B. Neuberger, 1994; Holling & Liepmann, 1995; Sonntag, 1992) und zur Bildungsbedarfsanalyse (vgl. z. B. Sauer, 1995; Grüner, 2000). Ansatzpunkte lassen sich insbesondere im Bereich des Controllings finden (vgl. z. B. Weiß & Landsberg, 1992; Krekel & Seusing, 1999; Krekel & Gnahs, 2000), da die Ermittlung des Bildungsbedarfs als wesentliches Element einer systematischen Personalentwicklung gilt. Diese umfasst die Zielbestimmung, die Bedarfsanalyse sowie die Entwicklung, Durchführung und Evaluation von Maßnahmen (Gnahs & Krekel, 1999). Bedarfsanalysen haben als Instrument der Weiterbildungsplanung einen großen Stellenwert (vgl. Beicht & Krekel, 1999; Sauer, 1995; Reglin & Severing, 1995). Sie bilden die Grundlage für effiziente und effektive Weiterbildung hinsichtlich der Planung und der Steuerung. Ziel ist nicht nur die Erhebung von Qualifikationsdefiziten. Vielmehr soll sichergestellt werden, dass die Mitarbeiter künftigen Anforderungen gewachsen sind. Dabei kann der Entwicklungsbedarf durch Analysen der Aufgaben- und Arbeitsanforderungen (Soll) und vorhandenen Kompetenzen bzw. Qualifikationen der Beschäftigten (Ist) ermittelt werden. Ein Soll-Ist-Vergleich zeigt die Handlungsfelder, in denen Über- oder Unterdeckungen vorliegen (vgl. Abbildung 4).

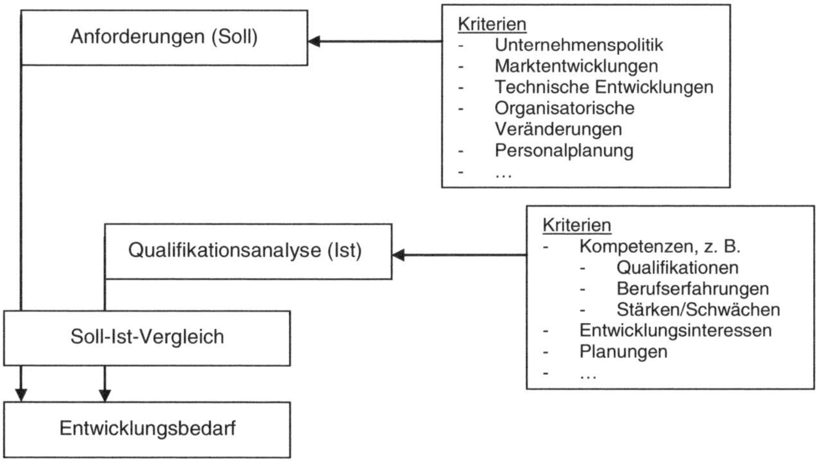

Abbildung 4: Struktur zur Ermittlung des Bildungsbedarfs[8]

8 Quelle: In Anlehnung an Seusing & Bötel, 2000.

Die vereinfachte Darstellung macht nicht deutlich, welche Schwierigkeiten sich ergeben können. Die Konkretisierung von Anforderungen an die Beschäftigten auf Grundlage von Zielen eines Bereichs/einer Abteilung ist methodisch nicht ohne Weiteres möglich (vgl. Reglin & Severing, 1995), auch beziehen sich anforderungsorientierte Verfahren im Wesentlichen auf die Erfassung des Soll-Zustands. Der Ist-Zustand vorhandener Qualifikationen und Kompetenzen der Beschäftigten muss beispielsweise durch Mitarbeitergespräche, Qualifikationsmatrizen, Leistungs- und Potenzialbeurteilungen bzw. Einschätzungen der Vorgesetzten definiert und anschließend mit den Soll-Vorgaben abgeglichen werden. Dieses Vorgehen stellt auf Qualifizierungslücken ab und berücksichtigt in der Regel nur formal erworbene (fachliche) Qualifikationen. Hinzu kommt, dass der individuelle Bedarf eines Mitarbeiters von dem der Abteilung oder des Unternehmen abweichen kann, da unterschiedliche Interessen vorliegen. Die Verknüpfung der Zielsysteme ist kein triviales Problem, denn wenn Weiterbildung erfolgreich sein soll, müssen die Lernenden einen Sinn darin erkennen. Dies gilt verstärkt für selbstorganisierte Kompetenzentwicklung. Insofern sind methodische Ansätze erforderlich, die eine stärkere Beteiligung der Beschäftigten ermöglichen. Hiermit beschäftigt sich der folgende Abschnitt.

4.3 Kompetenz- und Arbeitsanalyseverfahren

Wie in den theoretischen Ausführungen (vgl. Abschnitt 3.1) angeführt wird, kann die Reflexion der eigenen Berufsbiografie ein Weg sein, Wissen und Erfahrungen nutzbar zu machen. Daher werden nachfolgend biografische Verfahren betrachtet, deren Vorteil darin liegt, dass sie vom Subjekt ausgehen und den Entwicklungsaspekt betonen. Anschließend werden ausgewählte arbeits- bzw. tätigkeitsanalytische Verfahren diskutiert, da Kompetenzentwicklung u. a. auf der Schaffung vollständiger Tätigkeiten und kompetenzförderlicher Rahmenbedingungen basiert, die den Aspekt der Organisationsentwicklung in den Fokus rücken.

4.3.1 Biografisch-orientierte Analyseverfahren

Die Diskussionen um biografisch-orientierte Verfahren sind geprägt durch Bemühungen, Alternativen zu formalen Abschlüssen zu generieren, weil die vorrangige Beachtung formal erworbener Qualifikationen unterschiedliche Probleme mit sich bringt. Zum einen wird hinsichtlich des Bildungswesens hinterfragt, ob fest definierte Bildungs- und Ausbildungsinhalte den Veränderungen der Arbeitswelt Rechnung tragen können (vgl. Weiß, 1999; Straka, 2000). Zum anderen werden Formalqualifikationen nicht per se als Kompetenzen aufgefasst, da in Prüfungen in der Regel nur das erworbene (Fach-) Wissen zertifiziert wird. Informelle Kenntnisse, Berufserfahrungen und implizites Wissen werden vernachlässigt, obwohl diese für den Berufserfolg als wesentlich gelten können (vgl. Weiß, 1999; Frank, 2002). Der

Erhalt eines Zertifikats ist nach Auffassung vieler Autoren kein hinreichender Nachweis für berufliche Handlungskompetenz (vgl. z. B. Erpenbeck, 1997). Benötigt werden integrierende Verfahren wie etwa Qualifikations- oder Bildungspässe (vgl. Gerber, 2003; Schmoldt, 2000; Finkenzeller, 1999; Frank, 2002). So wird beispielsweise in Kompetenzbiografien (vgl. ausführlich Erpenbeck & Heyse, 1999) oder Kompetenzbilanzen (vgl. ausführlich Drexel, 1997; Erler, Gerzer-Saß, Nußhart und Saß, 2003) angestrebt, ein ganzheitliches Bild zu zeichnen.

Gemeinsam ist den Ansätzen, dass sie die Selbstorganisationsfähigkeit der Individuen unterstützen und auf Entwicklung ausgerichtet sind. Nach Ansicht von Diettrich & Meyer-Menk (2002) entsprechen sie dem Ziel der Kompetenzentwicklung am ehesten, weil die Analyse am Subjekt ansetzt und von den Individuen selbst bzw. in kommunikativen Prozessen mit anderen durchgeführt wird. Somit zeigen sich Anhaltspunkte, reflexive Methoden für die vorliegende Zielsetzung zu verwenden. Insbesondere, weil die Berücksichtigung formal erworbener Qualifikationen um wichtige Aspekte ergänzt wird. Nachteilig erscheint, dass sich die zum Teil recht umfangreichen Verfahren unter pragmatischen Erwägungen in der Praxis nicht in ihrer reinen Form anwenden lassen. Auch beziehen sich biografische Ansätze auf den Einzelnen und seine Entwicklung. Die im Rahmen des Projekts angestrebte Vorgehensweise soll auf verschiedenen Aggregationsebenen zur Kompetenzentwicklung und zur Schaffung lernförderlicher Rahmenbedingungen beitragen. Aus diesem Grund werden ergänzend ausgewählte arbeitsanalytische Verfahren diskutiert.

4.3.2 Arbeitsanalytische Verfahren

Neben einer Betrachtung personaler Merkmale ist die Analyse tätigkeitsbezogener Merkmale eine wesentliche Grundlage zur Ermittlung des betrieblichen Bildungs- bzw. Entwicklungsbedarfs (vgl. Sonntag, 1992). Hierfür kommen verschiedene Techniken wie Befragung, Beobachtung, Interview (vgl. Abschnitt 4.1) oder verhaltensanalytische Ansätze in Fragen, die nicht weiter vertieft werden (vgl. ausführlich Sonntag, 1992). Darüber hinaus kann auf das Tätigkeitsanalyse-Inventar (TAI, vgl. Frieling et al., 1991) zurückgegriffen werden. Der modulartige Aufbau ermöglicht eine anforderungsorientierte Tätigkeitsklassifikation, die Ableitung von Gestaltungsansätzen für die Bereiche Arbeitsorganisation, Arbeitssystem oder Arbeitsplatz sowie die Ermittlung von Qualifikationserfordernissen (vgl. z. B. Finkenzeller, 1999). Im Anschluss wird mit dem Konzept der Teiltätigkeitslisten ein Vorgehen aufgezeigt, das die genannten Aspekte verbindet und praxisorientierte Nutzungsmöglichkeiten bieten (vgl. im Folgenden Frieling, Grote & Kauffeld, 2003). Des Weiteren wird eine Methodik zur Analyse der Lernförderlichkeit von Arbeitsplätzen vorgestellt, die für die vorliegende Zielsetzung geeignet erscheint und auf Elementen des TAI basiert.

Teiltätigkeitslisten

Bei diesem Konzept handelt es um eine übertragbare Methode zur systematischen Erfassung und Abbildung von Kompetenzen, die sich aus den Tätigkeiten ergeben. Zunächst werden alle Aufgaben innerhalb eines Bereichs, einer Abteilung, einer Gruppe erhoben. Das Vorgehen erfolgt als iterativer Prozess, indem die Teiltätigkeiten einer logischen Struktur folgend dokumentiert werden. Mögliche Strukturierungsansätze sind in einem produkt-, prozess- oder einem an handlungstheoretischen Überlegungen (Vorbereitung, Ausführung, Kontrolle von Tätigkeiten) orientierten Ordnungsprinzip zu sehen (vgl. Frieling & Grote, 2000). Die erarbeitete Grobstruktur wird von den Mitarbeitern für ihren Arbeitsbereich konkretisiert. Die Ergebnisse sind zu diskutieren und abzustimmen, so dass zwischen Mitarbeitern und Führungskräften ein gemeinsames Verständnis der entscheidenden Tätigkeitsabläufe entsteht. Diese Transparenz gilt als Voraussetzung für die Klärung folgender Fragestellungen: Was sind notwendige Kompetenzen in der Gruppe, in der Abteilung, im Unternehmen, und in welchem Ausprägungsgrad sollen sie vorhanden sein? So werden die unter strategischen Gesichtspunkten allgemein formulierten Kernkompetenzen spezifiziert und operationalisiert. Nach der Definition von Soll- bzw. Anforderungsprofilen erfolgt eine Selbsteinstufung vorhandener Kompetenzen durch die Mitarbeiter, die durch eine Fremdeinschätzung (Führungskräfte, Gruppe bzw. Kollegen) ergänzt werden kann. Anschließend wird ein Soll-Ist-Abgleich vorgenommen, um Qualifizierungs- bzw. Kompetenzentwicklungsmaßnahmen für die betroffenen Mitarbeiter abzuleiten sowie umzusetzen. Sodann erfolgen die Evaluation der Maßnahmen und eine Neubewertung der Kompetenzen (Ist-Zustand).

Lernförderlichkeitsinventar

Die Forderung nach lernförderlichen Arbeitsbedingungen, -aufgaben und -plätzen ist ein vieldiskutiertes Thema. Im Hinblick auf die Zielsetzungen des Projekts wird mit dem Lernförderlichkeitsinventar (LFI, vgl. Frieling, Bernard, Bigalk & Müller, 2001) ein Verfahren vorgestellt, das objektive und personenunabhängige Merkmale auf Arbeitsplatzebene analysiert und den Gestaltungsaspekt kompetenzförderlicher Rahmenbedingungen angemessen berücksichtigt.[9] Das LFI ist ein halbstandardisiertes Beobachtungsinterview. Die Analyseergebnisse basieren auf Verhaltensbeobachtungen und Befragungen, die sich auf den Arbeitsablauf, den Arbeitsinhalt oder soziale Beziehungen der Mitarbeiter beziehen, aber durch eine reine Beobachtung nur schlecht zu erfassen sind. Theoretisch beruht das Gesamtverfahren auf dem Konzept der Vollständigen Tätigkeit von Hacker (1986). Das LFI baut auf Items der überarbeiteten Version des Teiltätigkeitsanalyseinventars (vgl. Frieling et al., 1991) auf. Es besteht aus 7 Skalen, mit denen bedingungsbezogene, personenunabhängige Merkmale der Arbeitsplätze und Arbeitsaufgaben erfasst werden. Die Lernförder-

9 Das Instrument wurde im Rahmen eines vom BMBF geförderten Forschungsprogramms zur Entwicklung neuer Konzepte der betrieblichen Weiterbildung am Institut für Arbeitswissenschaft der Universität Kassel entwickelt.

lichkeit wird anhand der Skalen Selbstständigkeit, Partizipation, Variabilität, Komplexität, Kommunikation/Kooperation, Feedback/Information eingestuft und bewertet (vgl. Frieling, Bernard, Bigalk & Müller, 2001).

2. Partizipation	(fast) nie	selten	eher selten	eher häufig	häufig	(fast) immer
Mitwirkung auf der Ebene des Arbeitsplatzes	0	1	2	3	4	5
2.1 Mitwirkung bei der Verteilung von Aufgaben	❑	❑	❑	❑	❑	❑
2.2 Mitwirkung bei der Gestaltung von Arbeitsmethoden/-abläufen	❑	❑	❑	❑	❑	❑
2.3 Mitwirkung bei der Gestaltung des Arbeitsplatzes	❑	❑	❑	❑	❑	❑
2.4 Mitwirkung bei der Anschaffung von Arbeitsmitteln/Werkzeugen	❑	❑	❑	❑	❑	❑

Abbildung 5: Beispiel-Items der Skala Partizipation

Neben den Beobachtungsinterviews können Vorgesetzten- und Betriebsratsfragebögen eingesetzt werden, um die Lernförderlichkeit aus verschiedenen Perspektiven zu betrachten, unterschiedliche Sichtweisen zu verdeutlichen und abzugleichen. Dabei geben die Vorgesetzen bzw. Betriebsräte ihre Beurteilungen nicht für einzelne Arbeitsplätze, sondern für ihren Zuständigkeitsbereich als Ganzes ab. Inhaltlich orientieren sich die standardisierten Fragen an den Skalen des Lernförderlichkeitsinventars (vgl. ausführlich Frieling, Bernard, Bigalk & Müller, 2006).

4.4 Bewertungs- und Evaluationsmethoden

Bewertungs- und Evaluationsmethoden spielen in Wissenschaft und Praxis gleichermaßen eine bedeutende Rolle. Evaluation bezeichnet die Analyse und Bewertung eines Sachverhalts, z. B. als Effizienz- und Erfolgskontrolle einer Innovation, zur Beurteilung einer Methode oder eines Konzepts sowie zur Einschätzung von Wirksamkeit und Wirkungszusammenhängen (vgl. Wottawa & Thierau, 1998). Ein primäres Ziel liegt darin, praktische Maßnahmen zu überprüfen, zu verbessern oder über sie zu entscheiden. Daher sind bei der Erarbeitung einer Vorgehensweise zur Analyse und Gestaltung betrieblicher Kompetenzentwicklungsprozesse im Rahmen des Projekts praxisorientierte Gütekriterien zugrunde zu legen. Sie dienen nicht nur einer abschließenden Bewertung, sondern fließen als Anforderungen ein, um eine formative Evaluation zu unterstützen. Als wesentliche Kriterien gelten Akzeptanz, Anwendbarkeit, Relevanz und Ökonomie (vgl. Bungard, 1997; Frieling, Grote & Kauffeld, 2003), die für die praktische Arbeit konkretisiert werden müssen (vgl. Abschnitt 5.4). Der Erfolg des Vorhabens wird entscheidend dadurch geprägt, dass die Vorgehensweise von den Beteiligten angenommen wird. Eine geringe Akzeptanz kann zu mangelnder Mitwirkung und Veränderungsbereitschaft führen. Auch sollen die Methoden in der Praxis anwendbar und handhabbar sein, die erzielten Ergebnisse müssen für die Organisation bzw. Personen(-gruppen) relevant sein. Aus dem Einsatz soll ein Nutzen resultieren, indem z. B. Entscheidungs-, Kommunikations-, Gestaltungs- oder Entwicklungsprozesse verbessert werden. Darüber hinaus sind ökonomische Aspekte zu berücksichtigen, da der Sach-, Zeit- und Personalaufwand angemessen sein und im Verhältnis zum Ergebnis positiv bewertet werden muss. Weiterhin ist die Übertragbarkeit anzuführen, da die Vorgehensweise in einem breiten Anwendungsfeld, bei verschiedenen Zielgruppen und Unternehmen nutzbar sein soll.

Mit Blick auf die Evaluation betrieblicher Personalentwicklungs- und Weiterbildungsmaßnahmen werden zunehmend Controllingkonzepte eingesetzt. Im Mittelpunkt steht ein in die Zukunft gerichtetes Steuern der Bildungsarbeit, deren Erfolg davon abhängt, inwiefern es gelingt, die Maßnahmen entlang der Unternehmensziele und -prozesse zu entwickeln und umzusetzen. Für viele Betriebe steht der Zusammenhang mit den Unternehmensergebnissen im Vordergrund (vgl. Kailer, Eder & Mayrhofer, 2000), indem Personalentwicklungsaktivitäten mittels Kriterien wie Effizienz, Effektivität und Wertschöpfungsbeitrag überprüft werden (vgl. Krekel & Gnahs, 2000; Krekel & Bötel, 2000). Nach Kirkpatrick (1976) wird die Verbindung von Weiterbildung und Unternehmenserfolg anhand einer Vier-Ebenen-Evaluation verdeutlicht. Zunächst wird der Zufriedenheitserfolg nach einem Training, z. B. durch Fragebögen oder Interviews erfasst. Wissenszuwachs und Einstellungsänderungen geben Auskunft über den Lernerfolg. Konkrete Verhaltensänderungen liefern Anhaltspunkte bezüglich des Transfers und können durch Befragung, Beobachtung, Arbeitsproben oder weiche Indikatoren erschlossen werden. Schließlich soll eine Überprüfung der Zielerreichung auf Ebene mess- und zählbarer Einheiten den Unternehmenserfolg aufzeigen.

Kritisiert wird zum einen die bei Kirkpatrick als kausal angenommene Wirkungskette. Es kann nicht davon ausgegangen werden, dass die Zufriedenheit mit einem Seminar den Transfer generell positiv beeinflusst. Gerade dieser stellt eine (erfolgs-) relevante Größe dar und es bleibt unklar, ob und welchen Einfluss bestimmte Maßnahmen auf den Unternehmenserfolg haben. Zum anderen zeigt sich in der Praxis, dass entsprechende Instrumentarien zur Planung und Steuerung des Humankapitals bislang fehlen (vgl. Becker, 1995; Krekel & Seusing, 1999; Weiß, 2000a). Ein Ansatzpunkt für ein entsprechendes Vorgehen ist in Bildungsbedarfsanalysen zu sehen. Auch sind im Rahmen des Personalcontrollings verstärkt qualitative Aspekte zu berücksichtigen (vgl. Landsberg, 1995). Hummel (2001) betont neben der ökonomischen die pädagogisch-qualitative Dimension, bei der die Beschäftigten im Mittelpunkt stehen. Die Fragestellung konzentriert sich auf den Nutzen von Bildung für den Menschen, während aus betriebswirtschaftlicher Sicht die Ziele der Unternehmen ausschlaggebend sind. Beide Aspekte können durch den Kompetenzentwicklungsansatz integriert werden: Werden Konzepte zur Personalentwicklung gezielt mit organisatorischen Gestaltungsmaßnahmen gekoppelt, um das Lernen stärker in die Arbeitsprozesse zu verlagern, lassen sich Bewertungsprobleme beseitigen oder verringern. Zugleich erhöht die Verzahnung von formellen, non-formellen und informellen Lernprozessen Transfererfolge, da direkt an Problemsituationen angesetzt wird.

4.5 Konsequenzen für die Projektarbeit

Die Ausführungen zeigen eine Auswahl möglicher Zugänge zur Thematik der betrieblichen Kompetenzentwicklung. Dabei ging es nicht um die Darstellung des Forschungsstands, vielmehr stand es im Vordergrund, die Zielsetzungen des Projekts und die theoretischen Grundlagen zur Kompetenzentwicklung methodisch zu untermauern.

Nachfolgend werden die bislang diskutierten Aspekte zusammengeführt und in der Praxis mit den Projektpartnern konkretisiert, um eine Grundlage für die methodische Vorgehensweise zu schaffen. Da ein Schwerpunkt gemäß des Projektauftrags auf der Untersuchung von vorhandenen und künftig benötigten Kompetenzen der Beschäftigten sowie der Betrachtung von Veränderungen und sich daraus ergebenden Anforderungen liegt, werden Methoden der empirischen Sozialforschung und zur Bildungsbedarfsanalyse einbezogen. Darüber hinaus machen die theoretischen Ausführungen deutlich, dass die Reflexion der eigenen Berufsbiografie ein Weg sein kann, um Aussagen darüber zu treffen, wie sich Kompetenzen bilden und welche gebildet werden müssen (vgl. Alheit, 2003; Wardanjan, 2000). Ergänzend sollen arbeitsanalytische Verfahren genutzt werden, die auf die Gestaltung der Rahmenbedingungen von Personal- und Organisationsentwicklung, die Förderung von arbeitsplatzbezogenen Lernprozessen und eine konsequente Partizipation der Mitarbeiter fokussieren. Vor diesem Hintergrund beschäftigt sich das folgende Kapitel mit der Entwicklung einer Vorgehensweise zur Analyse und Gestaltung von Kompetenzentwicklungskonzepten, die im Praxisfeld gemeinsam mit den beteiligten Projektpartnern ausgestaltet wird.

5 Vorgehensweise im Rahmen des Projekts

Dem Vorhaben liegt die Annahme zugrunde, dass wirtschaftliche und gesellschaftliche Veränderungen eine Lernkultur verlangen, die auf einem Verständnis des kontinuierlichen Lernens aufbaut und dass die Umsetzung handlungsrelevanter Maßnahmen nur gelingt, wenn die Sozialpartner gemeinsam agieren. Eine antizipative Entwicklungsstrategie muss an Unternehmens- und Abteilungszielen ausgerichtet werden und vor dem Hintergrund des Selbstorganisationsprinzips zugleich mitarbeiterbezogene Ziele berücksichtigen. Der demografische Wandel ist ebenso einzubeziehen wie individuelle Leistungsvoraussetzungen und Kompetenzen der Beschäftigten. Ein wesentlicher Aspekt ist daher in einer strukturierten, beteiligungsorientierten Vorgehensweise und dem Einsatz geeigneter Methoden zu sehen.

Vor diesem Hintergrund wird mit den Mitgliedern der Projektgruppe eine erste Struktur des Forschungsdesigns abgestimmt. Zunächst geht es um die Konsensbildung bezüglich der einzelnen Phasen des Vorhabens. In Expertengesprächen der Projektgruppe wird eine Marketingstrategie erarbeitet, um alle Organisationsmitglieder umfassend über das Vorhaben in Kenntnis zu setzen (Entwurfs- und Informationsphase, vgl. Abschnitt 5.1). Anschließend geht es um eine Untersuchung der betrieblichen Situation zur Kompetenzentwicklung durch Befragungen von Mitarbeitern und Führungskräften sowie mittels Tätigkeits- und Arbeitsanalysen (Analysephase, vgl. Abschnitt 5.2). Die Ergebnisse werden als Survey-Feedback an die Beteiligten zurückgemeldet und in gemeinsamen Diskussionen mit Vertretern der Fachbereiche in Form von Kompetenzentwicklungsmaßnahmen konkretisiert (Feedback- und Entwicklungsphase, vgl. Abschnitt 5.3). Anschließend wird die Umsetzung begleitet und evaluiert, um den Nutzen aus Sicht der Praxis zu verdeutlichen (Umsetzungs- und Evaluationsphase, vgl. Abschnitt 5.4).

Um die Vorgehensweise zu konkretisieren, werden Projektphasen definiert (vgl. Abbildung 6), die im Anschluss beschrieben werden. Die Auswahl von Methoden orientiert sich an den Zielsetzungen des Projekts (vgl. Abschnitt 2.2) und einer Einschätzung zur Durchführbarkeit der Analysen. Von zentraler Bedeutung für das gesamte Vorhaben ist eine hohe Beteiligung. Für die Untersuchungen in den einzelnen Phasen werden verschiedene Methoden eingesetzt und zwar Dokumentenanalysen, Interviews und Befragungen, Workshops zur Konkretisierung von Kompetenzentwicklungsmaßnahmen, Teiltätigkeitslisten sowie standardisierte Beobachtungsinterviews zur Erfassung der Lernförderlichkeit von Arbeitsplätzen.

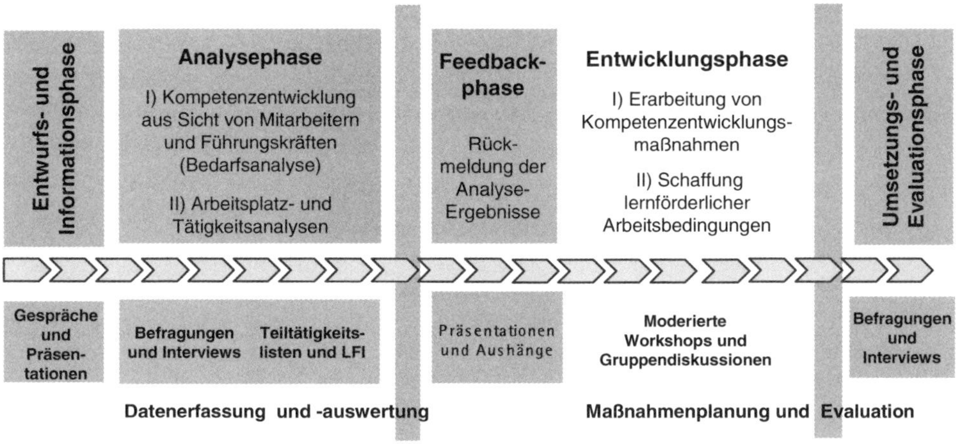

Abbildung 6: Projektphasen und eingesetzte Methoden

5.1 Entwurfs- und Informationsphase

Ein wesentlicher Bestandteil der Entwurfs- und Informationsphase ist das Projektmarketing. Zunächst wird eine Strategie für das interne und externe Marketing erarbeitet, ein Projektname und Logo entwickelt. Die Projektpartner einigen sich auf „*make it – mitarbeiterorientierte Kompetenzentwicklung im Team*“. Der Name bezieht alle relevanten Aspekte ein und macht deutlich, dass es um einen partizipativen Ansatz geht. Anschließend werden Flyer, Infomappen und Präsentationen für den internen und externen Gebrauch erstellt.

Zur Bekanntmachung nach außen werden hauptsächlich digitale Medien verwendet. Hierfür steht eine eigene Projekthomepage zur Verfügung, die über aktuelle Entwicklungen informiert.[10] Darüber hinaus erfolgen Veröffentlichungen in Fachzeitschriften und es werden Workshops für eine interessierte Fachöffentlichkeit durchgeführt. Weiterhin findet ein Austausch mit ähnlich gelagerten Forschungsprojekten statt.

Für das interne Marketing eigenen sich verschiedene Medien. In der hauseigenen Zeitschrift „online“ oder durch Aushänge an schwarzen Brettern wird fortlaufend informiert und ein Auftritt auf der Homepage der B. Braun Melsungen AG sowie im internen Web-Center gestaltet. Um die Ziele und den Nutzen des Vorhabens zu kommunizieren, eignen sich vor allem persönliche Gespräche mit Führungskräften sowie unternehmensweite Informationsveranstaltungen für die Mitarbeiter. Die Informationsphase wird top-down gestaltet: Ausgehend vom obersten Management werden die weiteren Führungsebenen und sukzessive alle Mitarbeiter in Einzelgesprächen oder Präsentationsveranstaltungen informiert.

10 www.makeit.wbs-wiesbaden.de

Tabelle 4: Interne Marketing- und Informationsinstrumente

Marketing-Instrumente	*Inhalte*	*Zielgruppe*
Flyer und Info-Mappe	Hintergrund, Projektpartner, Ziele usw.	alle interessierten Mitarbeiter und Führungskräfte
Info-Briefe	Ankündigung der Projektaktivitäten, Hintergrundinformationen	Führungskräfte
Persönliche Gespräche	Informationen zum Hintergrund, zu Zielen sowie Abstimmung der Vorgehensweise	Führungskräfte und betriebliche Multiplikatoren
Präsentationen und Informationsveranstaltungen	Informationen zum Hintergrund, Zielen und Vorgehensweise, Beispiele zur Kompetenzentwicklung, Darstellung der Vorgehensweise	Mitarbeiter (und Führungskräfte)
Artikel in der Unternehmenszeitschrift, Auftritt im Intranet / Homepage	Aktuelle Informationen zum Projekt, Ansprechpartner, Präsentation und Flyer, Hintergrundinformationen zur Kompetenzentwicklung	Mitarbeiter und Führungskräfte (mit Zugang zum Intranet)

Im Vordergrund des weiteren Vorgehens steht die Strukturierung der einzelnen Projektphasen. Die Zielgruppen werden definiert und die Aufgaben bzw. Zuständigkeiten im Projektkernteam verteilt. Die Fachbereiche sollen während der Laufzeit des Vorhabens möglichst von denselben Projektmitarbeitern betreut werden. Zum einen geht es darum, ein Vertrauensverhältnis zu den Beteiligten aufzubauen. Zum anderen entsteht ein spezifisches Know-How bezüglich der zum Teil recht komplexen Organisationsstrukturen. In diesem Zusammenhang wird eine erste Grobplanung mit den Fachbereichsverantwortlichen der B. Braun Melsungen AG abgestimmt. Nicht nur unter diesem Blickwinkel ist die intensive Information ein wichtiger Aspekt. Die Führungskräfte müssen der Vorgehensweise zustimmen und zeitliche sowie personelle Ressourcen zur Verfügung stellen. Daher ist die Bedeutung von systematischen, langfristig angelegten Entwicklungsprozessen hervorzuheben. Auch muss verdeutlicht werden, welche Besonderheiten die Begriffe Kompetenz und Kompetenzentwicklung beinhalten, um das Bewusstsein zu schaffen, dass neben formalisierter Weiterbildung das Lernen im Prozess der Arbeit eine bedeutende Rolle spielt. Die unternehmensweiten Präsentationsveranstaltungen werden darüber hinaus genutzt, um die Beschäftigten, deren Beteiligung aufgrund der angestrebten Mitarbeiterorientierung eine zentrale Rolle spielt, auf die Analysen und die Möglichkeit zur Mitwirkung hinzuweisen.

Anschließend geht es um die Auswahl geeigneter Instrumente für die Analyse- und Entwicklungsphase (vgl. die Abschnitte 5.2 und 5.3). Diese werden – bedingt durch die dynamischen Abstimmungsnotwendigkeiten mit den Kooperationspartnern und der Anpassung der Vorgehensweise auf unternehmensspezifische Besonderheiten bzw. Erfordernisse – zu Beginn des Projekts relativ häufig überarbeitet und ergänzt. Auch müssen geeignete Evaluationskriterien definiert werden (vgl. Abschnitt 5.4), die zur Bewertung des Projekts und der erzielten Ergebnisse dienen.

5.2 Analysephase

Die einzusetzenden Methoden sollen einen Beitrag zur Erreichung der Ziele des Forschungsprojekts leisten und sich an einer Einschätzung der Durchführbarkeit der Analysen orientieren, wobei Aspekte wie Akzeptanz, Relevanz und Ökonomie zu berücksichtigen sind. Ein Schwerpunkt liegt auf der Erfassung von Qualifikationen und Kompetenzen aus Sicht der Mitarbeiter sowie anstehenden Veränderungen und Anforderungen aus Sicht der Führungskräfte. Aus Sicht des Unternehmens muss die Analyse effizient sein, indem möglichst detaillierte Ergebnisse gewonnen werden, ohne zuviel Zeit der Mitarbeiter zu binden oder z. B. die Beschäftigten im gewerblichen Bereich aus den Arbeitsprozessen zu nehmen. Es wird deutlich, dass neue Instrumente zu entwickeln sind. Diese basieren gemäß den methodischen Ansatzpunkten, die in Abschnitt 4 diskutiert wurden, auf einer Verbindung von wissenschaftlichen Erhebungsformen (Befragung oder Interview) und Instrumenten zur Bildungsbedarfs- bzw. Kompetenzanalyse. Eine stärker arbeitsanalytisch orientierte Vorgehensweise bieten die Teiltätigkeitslisten, die es ermöglichen, den Kompetenzentwicklungsbedarf tätigkeitsbezogen zu strukturieren. Zur Schaffung lernförderlicher Arbeitsbedingungen werden repräsentative Arbeitsplätze mit dem Lernförderlichkeitsinventar untersucht.

5.2.1 Bedarfsanalyse aus Sicht der Mitarbeiter

Aufgrund der definierten Ansprüche an die Erhebung und den theoretischen Grundlagen zur Kompetenzentwicklung wird die Untersuchung entwicklungs- statt defizitorientiert gestaltet. Das bedeutet, es geht nicht um die Identifikation von Qualifizierungslücken, sondern um die Erfassung der vorhandenen Personalstruktur, die Erschließung von Optimierungspotenzialen aus Sicht der Mitarbeiter und die Förderung ihrer Lern- sowie Selbstorganisationsfähigkeit. In diesem Zusammenhang soll es sich um einen beteiligungsorientierten Ansatz handeln, bei dem individuelle Entwicklungsinteressen Berücksichtigung finden, aber auch gruppenbezogene Weiterbildungsbedarfe generiert werden können. In Betracht kommt eine Befragung, bei der die Beschäftigten ihre Qualifikationen, Berufserfahrungen sowie tätigkeitsbezogene Kenntnisse dokumentieren und durch diese Reflexion ihre Entwicklungserfordernisse konkretisieren.

Entwicklung eines Befragungsleitfadens

Methodisch gesehen wird das Instrument so konzipiert, dass es sich als Interviewleitfaden eignet oder selbst ausgefüllt werden kann. Inhaltlich wird auf die theoretischen Grundlagen zurückgegriffen, nach denen Kompetenzen u. a. Qualifikationen, Kenntnisse, Erfahrungen und Fähigkeiten beinhalten, deren Erwerb, Entwicklung und Verwendung auf die gesamte Lebenszeit eines Menschen bezogen ist (vgl. Dehnbostel, 2001a). Durch die Beachtung von Entwicklungsinteressen wird eine

Steigerung der Motivation angestrebt (vgl. Bergmann, 2000a). Der für die Erhebung entwickelte Kompetenz-Leitfaden umfasst daher folgende Bereiche:

- allgemeine Daten zur Person,
- schulische und berufliche Ausbildung (Formalqualifikationen),
- Berufserfahrungen in anderen Unternehmen und bei der B. Braun Melsungen AG,
- bisher absolvierte und künftig erforderliche Weiterbildungsmaßnahmen,
- persönliche Entwicklungsinteressen und Stärken.

Um den Aufwand zu begrenzen und die Einheitlichkeit der Erhebung zu gewährleisten, sind alle Fragen standardisiert. Zur Erschließung des Erfahrungs- bzw. Kenntnisspektrums der Mitarbeiter wird bei einigen Aspekten auf Antwortvorgaben verzichtet. Der höhere Aufwand bei der Erfassung und Auswertung soll durch die explorativen Ergebnisse kompensiert werden, die mit geschlossenen Fragen nicht zu erzielen sind. Der Befragungsleitfaden ist als halbstandardisiertes Instrument zu charakterisieren und umfasst ca. 20 Fragen (siehe Anhang A).

Nach einem einleitenden Teil werden neben Namen, Alter, Betriebszugehörigkeit und Status die Tätigkeitsbezeichnungen erfasst, um eine analytische Interpretation der Daten zu ermöglichen (vgl. hierzu Kapitel 6.5). Im Weiteren geht es um die Dokumentation der Berufsbiografie in Form von Berufstätigkeiten vor bzw. nach Eintritt in den Betrieb. Erfahrungen mit Auslands-, Gruppen- und Projektarbeit werden ebenso erfasst wie tätigkeitsrelevante Kenntnisse mit Bezug auf die aktuelle Arbeitsaufgabe. Da die Frage einer Reflexion des eigenen Kenntnisschatzes dient, finden sich keine Vorgaben, ob sich die Nennungen auf fachliche, methodische, soziale oder personale Kompetenzen beziehen sollen.

Da das Qualifikationsniveau bei der Gestaltung von Bildungsmaßnahmen zu berücksichtigen ist, beinhaltet der nächste Komplex geschlossene Fragen zur schulischen und beruflichen Ausbildung. Im Weiteren sollen die Mitarbeiter angeben, welche Lernformen zum Kenntniserwerb im Rahmen der täglichen Arbeit genutzt werden. Die Antwortvorgaben basieren auf den oben bereits diskutierten Formen betrieblicher Kompetenzentwicklung (vgl. Grünwald et al., 1998; Weiß, 2001; Baethge & Baethge-Kinsky, 2002), die auf vorliegende Begebenheiten angepasst werden. Dabei sind informelle (selbstorganisiertes Lernen, Erfahrungen), nonformale (Lernen von Kollegen oder Vorgesetzten), formale (Berufsausbildung, Weiterbildung) und mediale Lernformen zu berücksichtigen. Die Ergebnisse werden genutzt, um die aktuelle Situation abzubilden und Hinweise für die Gestaltung künftiger Lernprozesse zu gewinnen. Nicht zuletzt soll das Bewusstsein der Befragten unterstützt werden, dass nicht nur Seminare zur Kompetenzentwicklung beitragen. Lernen steht im allgemeinen Verständnis häufig in Verbindung mit traditioneller Weiterbildung. Um diese Aspekte ebenfalls abzubilden, werden besuchte Weiterbildungs- und Personalentwicklungsmaßnahmen der Mitarbeiter erfasst, die diese im Unternehmen absolviert haben. Die mit den beteiligten Personalentwicklern entwickelten Antwortvorgaben orientieren sich an Kategorien, die in der betrieblichen Weiterbildung eine Rolle spielen (von Technik, Qualitätsmanagement, EDV,

Methoden, Kommunikation, kaufmännisches Wissen, Fremdsprachen bis hin zu interkultureller Kompetenz, Führung usw.). Da es sich weitgehend um allgemein anwendbare Maßnahmenkategorien handelt, werden sie zugleich zur Klassifizierung des Weiterbildungs- bzw. Entwicklungsbedarfs genutzt (vgl. hierzu Abschnitt 5.2.3), der mit einer offenen Antwortstruktur abgefragt wird. Dies soll einerseits dazu beitragen, innovative Maßnahmen zu generieren, die durch enge Vorgaben nicht zu erzielen sind. Andererseits geht es darum, die Selbstorganisationsfähigkeit der Mitarbeiter im Hinblick auf die Bedarfsdefinition zu fördern.

Durchführung eines Pretest

Zur Überprüfung der Anschlussfähigkeit des Instruments wird ein Pretest durchgeführt. Die klassischen Gütekriterien (vgl. Bortz & Döring, 2003) kommen nicht zur Anwendung, da es nicht darum geht, einen bestimmten Ausprägungsgrad von Kompetenz zu „messen". Vielmehr werden Kriterien wie Akzeptanz, Relevanz, Verständlichkeit und zeitlicher Aufwand evaluiert (vgl. Bungard, 1997).

In den Pretest sollen 20 gewerbliche und 20 administrative Mitarbeiter einbezogen werden. Die Kontaktaufnahme mit den Beteiligten beginnt nach der Abstimmung des Befragungsinstruments in der Projektgruppe. Es können 35 Beschäftigte interviewt und das Ergebnis mit einem standardisierten Evaluationsbogen anhand einer 6-stufigen Skala festgehalten werden. Der Datenschutzbeauftragte wird als Teilnehmer in die Befragung einbezogen. Dies erweist sich als praktikabel, da seine Anregungen direkt eingebracht werden können. Die weiteren Teilnehmer werden aus den verschiedenen Sparten und Zentralbereichen der B. Braun Melsungen AG nach dem Zufallsprinzip ausgewählt, sie sollen sich nach Geburtsjahr, Geschlecht, Betriebszugehörigkeit und Qualifikation unterscheiden, um die Repräsentativität der Datenerhebung zu gewährleisten. Die Ergebnisse machen deutlich, dass kein Teilnehmer grundsätzliche Probleme mit den Inhalten des Interviews hat (vgl. Abbildung 7). Dennoch haben die Ergebnisse des Pretests zur Folge, dass der Befragungsleitfaden überarbeitet und der Projektgruppe sowie dem Betriebsrat erneut vorgelegt wird. Die Änderungen sind vorwiegend auf die Handhabung bezogen (z. B. Änderung der Reihenfolge von Fragen, mehr Platz für Eintragungen o. ä.). Inhaltlich werden die Fragen bezüglich der Gruppen- und Projektarbeit verkürzt. Im Abschnitt „persönliche Entwicklungsinteressen" wird auf Wunsch des Betriebsrats die Frage nach ehrenamtlichen Funktionen in Vereinen und Verbänden sowie weiteren Interessen der Beschäftigten neu aufgenommen.

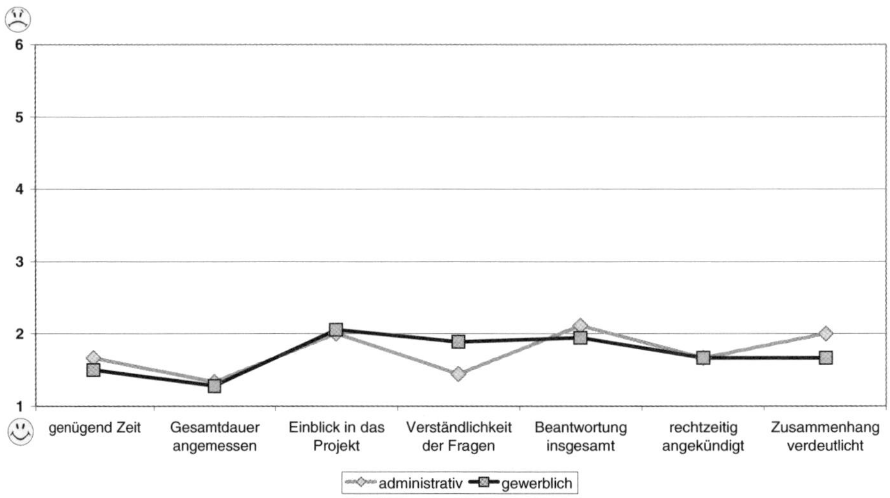

Abbildung 7: Ergebnisse des Pretest (n=35)

Kritisch wird seitens der Projektgruppe der Zeitbedarf für die Interviews zu sehen. Die voraussichtliche Dauer wurde mit 15 bis 30 Minuten eingeschätzt. Aufgrund des Pretests wird diese Angabe teils bestätigt, teils dauern die Interviews länger. Im gewerblichen Bereich ist die Zeitvorgabe gut zu erreichen, allerdings kann ein Interview je nach individuellem Verständnis, erwünschten Erläuterungen und Rückfragen bis zu 45 Minuten in Anspruch nehmen. Insbesondere gewerbliche Mitarbeiter fordern hinsichtlich der Verständlichkeit mehr Auskünfte zu den Zielen und Hintergründen der Befragung. Auch bedürfen einige Inhalte des Fragebogens je nach Zielgruppe einer Unterstützung bei der Beantwortung. Diese Erkenntnisse fließen in die Organisation der Befragung ein.

Organisatorische Aspekte der Befragung

Um den Aufwand der Befragung zu verringern, wird die Analyse an die Informationsphase gekoppelt und die Leitfäden nach den Präsentationsveranstaltungen verteilt. Es wird eine variable Strategie definiert und in Abstimmung mit den jeweiligen Fachbereichsverantwortlichen umgesetzt:

- Im administrativen Bereich sollen Interviews mit den Mitarbeitern geführt werden. Wie sich zeigt, wird der Leitfaden in der Regel selbstständig ausgefüllt. In einigen Bereichen finden auf Wunsch der Vorgesetzten flächendeckende Interviews statt.
- Im gewerblichen Bereich werden die Mitarbeiter im Rahmen einer Präsentationsveranstaltung oder während einer Gruppenbesprechung ausführlich informiert. Nach der Sitzung wird der Befragungsleitfaden verteilt und die Mitarbeiter werden gebeten, den Bogen selbst auszufüllen. Es besteht die Möglichkeit, Fragen zu stellen oder einen Interviewtermin mit den (externen) Projektmitarbeitern des Kernteams zu vereinbaren. Da der Bedarf nach Interviews im

gewerblichen Bereich größer ist, erscheint die Vielzahl von Einzelterminen vom Aufwand kaum vertretbar. In Abstimmung mit den jeweiligen Vorgesetzten werden „Sprechtage in der Produktion“ eingerichtet. Dies ist eine effiziente Lösung mit geringem organisatorischem Aufwand: Den Interviewern wird zu bestimmten Terminen ein Gesprächsraum zur Verfügung gestellt, die Mitarbeiter können den Kompetenz-Leitfaden in Form eines Interviews ausfüllen (lassen) und/oder Fragen zur Vorgehensweise stellen.

- Spezielle Zielgruppen (z. B. Mitarbeiter der IT-Abteilung, des Außendienstes und Vertriebs) erhalten eine Online-Version, die per E-Mail zugestellt wird. Das Tool erlaubt neben dem Ausfüllen am Bildschirm eine automatisierte Rücksendung.

Bei der Wahl einer Befragungsstrategie stehen Effizienzüberlegungen im Vordergrund, da die Ergebnisse mit möglichst geringem Zeitaufwand und ohne die Beschäftigten im gewerblichen Bereich aus den Arbeitsprozessen zu nehmen, gewonnen werden sollen. Es ist unmittelbar ersichtlich, dass aus dem Einsatz von Interviews ein höherer Aufwand resultiert als aus einer Fragebogenaktion. Neben dem Zeitaufwand des Interviewers muss der Mitarbeiter seinen Arbeitsplatz verlassen und ggf. von Kollegen vertreten werden. Bei Bedarf kann der Mitarbeiter die Begleitung des Gesprächs durch einen Betriebsrat verlangen, es müssen geeignete Rahmenbedingungen (ruhige Atmosphäre in einem entsprechenden Raum usw.) geschaffen werden. Für die Projektmitarbeiter sind die Interviews von großem Wert. Sie liefern in Verbindung mit einer Besichtigung des zu analysierenden Bereichs wichtige Hintergrundinformationen zur aktuellen Situation, die für eine Begleitung von Kompetenzentwicklungsprozessen unabdingbar sind. Da biografische Daten abgefragt werden, kann eine Beeinflussung durch den Interviewer vernachlässigt werden. Vielmehr ist die Hilfestellung ein gewollter Effekt. Letztlich geht es darum, möglichst vielen Mitarbeitern die Möglichkeit zu geben, sich an der Analyse zu beteiligen. Wie der Pretest verdeutlicht, ist es nicht in allen Bereichen sinnvoll, eine reine Fragebogenaktion durchzuführen.

5.2.2 Bedarfsanalyse aus Sicht der Führungskräfte

Bei der Durchführung von Bedarfsanalysen ist es unerlässlich, die Sichtweise der Vorgesetzten zu berücksichtigen, um die Maßnahmen am betrieblichen Bedarf auszurichten und die geforderte Verbindung mit den Zielen des Unternehmens bzw. der Fachbereiche zu unterstützen. Wesentlich ist die Erfassung von Veränderungen, die als Auslöser für Kompetenzentwicklung gelten und aus denen sich konkrete Anforderungen an die Beschäftigten ergeben sollen.

Entwicklung eines Interviewleitfadens

Für die Soll-Analyse wird ein strukturierter Gesprächsleitfaden (siehe Anhang B) entwickelt, der unter ökonomischen Gesichtspunkten (z. B. Beachtung des Zeitfaktors) kurz gehalten wird. Neben 1) Zielen und 2) organisatorischen, technischen oder personellen Veränderungen der Organisationseinheiten werden 3) daraus resultierende Anforderungen an die Mitarbeiter sowie 4) der Kompetenzentwicklungsbedarf erfasst. Die Fragen sind standardisiert, um eine einheitliche Erhebung zu gewährleisten, zum Teil wird jedoch auf Antwortvorgaben verzichtet. Um ein möglichst umfassendes Bild der betrieblichen Situation zu erhalten, sollen die Interviews auf verschiedenen Hierarchieebenen durchgeführt werden. Zur Unterstützung einer effektiven Vorgehensweise erhalten die Gesprächspartner den Fragenkatalog im Vorfeld mit der Bitte, sich anhand vorliegender Unterlagen aus Zielvereinbarungsprozessen und Mitarbeitergesprächen vorzubereiten. So wird eine an Bereichszielen orientierte Analyse möglich, die sich aus der Unternehmensstrategie ableitet.

Durchführung einer Pilotphase

Direkt zu Beginn der Soll-Analysen wird der Fragebogen in fünf Abteilungen pilothaft eingesetzt. Anschließend werden in Abstimmung mit der Projektgruppe zwei Veränderungen im Gesprächsleitfaden vorgenommen. Erstens wird die Frage nach den Hauptaufgaben der Abteilung aufgenommen, um relevante Rahmenbedingungen zu erfassen und die Ergebnisse besser einordnen zu können. Zweitens wird im Teil B (Erfassung von Anforderungen an die Mitarbeiter) die Frage nach dem tatsächlichen Kompetenzentwicklungsbedarf ersetzt. Problematisch ist ein zu starker Bezug auf konkrete Mitarbeiter der jeweiligen Abteilung, da der Bedarf nicht individuell, sondern bezogen auf die Gesamtabteilung erhoben werden soll. Anstelle dieser Frage wird eine Einschätzung der Führungskraft zu auszubauenden Fähigkeiten und Stärken der Abteilung erhoben. Da diese Frage ebenfalls in der Analyse aus Mitarbeitersicht enthalten ist, lassen sich die Einschätzungen von Vorgesetzen und Mitarbeitern später miteinander vergleichen.

Organisatorische Aspekte der Befragung

Im Rahmen der Bedarfsanalyse aus Sicht der Führungskräfte (Soll-Analyse) sollen vor allem in größeren Bereichen mehrere Hierarchieebenen erfasst werden, um ein möglichst vollständiges Bild abzeichnen zu können. Neben den Hauptabteilungs- bzw. Abteilungsleitern sind die Teamleiter bzw. Meister und/oder Coache einzubeziehen. Die Durchführung von Gruppeninterviews wird mit einem Zeitbedarf von jeweils ca. 1½ -2 Stunden geplant. Je nach Teilnehmerzahl ist der Aufwand damit geringer als bei Einzelgesprächen, deren Dauer bei ca. einer Stunde liegt. Nachteilig erscheint, dass sich unterstellte Führungskräfte in den Gruppeninterviews ggf. weniger einbringen oder ihre Anforderungen auf die Angaben ihres Vorgesetzten abstimmen. Ein weiteres Problem liegt darin, dass einige Führungskräfte es als kritisch empfinden, externen Mitarbeitern ihre Planungen zu schildern, insbesondere bei strategischen Zielen und/oder personellen Veränderungen. Darüber hinaus zeigen die Erfahrungen nach der Pilotphase, dass die Vorgesetzten zu Beginn des Interviews einen Einblick in die Ergebnisse der Bedarfsanalyse aus Mitarbeitersicht fordern. Dieser Forderung wird entsprochen, indem die Daten in den Gesprächen vorgestellt bzw. bereitgehalten werden. Zum Abschluss des Interviews findet eine erneute Abstimmung des weiteren Projektverlaufs statt. Hierbei geht es auch um das Feedback der Analyseergebnisse an die Beschäftigten. Nicht alle Führungskräfte sind bereit, die Mitarbeiter für eine weitere Präsentationsveranstaltung freizustellen. In den meisten Fällen ist es in gewerblichen Bereichen möglich, die Gruppensitzungen für das Feedback zu nutzen. In den administrativen Abteilungen wird weitgehend auf elektronische Medien zurückgegriffen, und die Ergebnispräsentationen werden per E-Mail verschickt oder es wird bei Bedarf eine Präsentation durchgeführt.

5.2.3 Vorgehensweise im Rahmen der Datenauswertung

Für die Ergebnisauswertung der Bedarfsanalyse wird auf Basis des Pretests eine Datenmaske in SPSS (Statistic Program for Social Science) erstellt.[11] Eine erste Auswertung der Daten wird der Projektgruppe vorgestellt. Die Diskussionen zeigen, dass sich im betrieblichen Anwendungsfeld insbesondere Methoden der deskriptiven Statistik eignen. Da eingängige Darstellungen und Ergebnisse erwartet werden, handelt es sich weitgehend um Häufigkeitsauswertungen.

Als wichtiges Element gilt die Auswertung des Kompetenzentwicklungsbedarfs der Mitarbeiter, die eine Verbindung mit den Kompetenzfacetten ermöglichen soll. Die Ergebnisse werden verdichtet, um Entwicklungsschwerpunkte identifizieren zu können. Hierfür werden die offen erhobenen Daten in die Maßnahmenkategorien (z. B. Technik, EDV, Methoden, Kommunikation usw.) eingeteilt, die sich aus vorhandenen Katalogen von Personalentwicklungsmaßnahmen der Abteilung Management Development ergeben. Um die gewünschte Verbindung zu dem Kompetenzentwicklungsansatz herzustellen, werden die genutzten Kategorien in einem weiteren Schritt den Kompetenzfacetten zugeordnet. Die Einteilung in Fach-, Methoden-, Sozial- und Selbstkompetenz (vgl. Abschnitt 3.1.1) wird nicht beibehalten. Die Fachkompetenz muss aufgrund der hohen Bedeutung zusätzlich in die Bereiche IT[12]- und Fremdsprachenkompetenz unterteilt werden, um betrieblichen Anforderungen Rechnung zu tragen. Daneben wird Führungskompetenz eingeführt, da sich die entsprechenden Inhalte keiner anderen Facette eindeutig zuordnen lassen.

Einen weiteren Baustein bilden die Ergebnisse der Bedarfsanalyse aus Sicht der Führungskräfte. Da die Bereichs- oder Abteilungsziele in ihrem Detaillierungsgrad

---

11 Zu den Auswertungsmodalitäten des Lernförderlichkeitsinventars vgl. ausführlich Frieling, Bernard, Bigalk & Müller, 2006.

12 Informationstechnologie-Kompetenz.

variieren, erscheint eine systematische Auswertung nicht möglich. Hingegen lassen sich die Veränderungen in technische, organisatorische, personelle Aspekte unterteilen. Die Klassifizierung der Anforderungen ist das Kernelement der Datenauswertung. Um die Schwerpunkte zu ermitteln und eine Zusammenführung mit dem Entwicklungsbedarf der Mitarbeiter zu ermöglichen, werden diese analog zu der oben dargestellten Vorgehensweise in entsprechende Maßnahmenkategorien und über diesen Schritt in Kompetenzfacetten eingeordnet. Tabelle 5 verdeutlicht exemplarisch die Vorgehensweise zur Ergebnisstrukturierung.

Tabelle 5: Klassifizierung des Entwicklungsbedarfs und der Anforderungen (Ausschnitt)

Qualitative Nennungen aus den Analysen	Strukturierung anhand des vorhandenen Maßnahmenkatalogs	Übergeordnete Struktur
Entwicklungsbedarf der Mitarbeiter / Anforderungen der Führungskräfte	*Maßnahmenkategorien*	*Kompetenzfacetten*
...	...	...
Maschinenbedienung, Kunststofftechnik, Hydraulik, Pneumatik, SPS,...	Technische Prozesse	Fachkompetenz
Statistische Methoden, DIN Normen,...	Qualitätsmanagement	
Controlling, Buchhaltung, Kostenanalyse,...	Kaufmännisches Wissen	
...	...	
SAP, Office, Internet-Recherche, Datenbank,...	EDV / Software	IT-Kompetenz
Optimierung der Zusammenarbeit,...	Gruppen-/Teamarbeit	Methodenkompetenz
Zeitmanagement, Moderation, Rhetorik,...	Methodentraining	
...	...	
Kommunikationstechniken, Konfliktmanagement,...	Kommunikation und Konflikt	Sozial- und Selbstkompetenz
Stressbewältigung, Veränderungsbereitschaft,...	Persönlichkeitsentwicklung	
...	...	

5.2.4 Einsatz von Tätigkeits- und Arbeitsplatzanalysen

Eine alternative Vorgehensweise stellt das Konzept der Teiltätigkeitslisten dar (vgl. Abschnitt 4.3). Es ermöglicht, die Produktionsprozesse ganzheitlich zu dokumentieren, einzelne Prozessschritte zu strukturieren und alle anfallenden Teiltätigkeiten systematisch zu beschreiben. Neben fachlichen Anforderungen lassen sich die benötigten Kompetenzen zur Ausführung der Tätigkeiten definieren. Anschließend kann der Qualifizierungsbedarf der Beschäftigten aus einem Abgleich von aktuell vorhandenen Kompetenzen mit den in den Listen hinterlegten Anforderungsprofilen gezielt ermittelt werden. Die Vorgehensweise schafft Transparenz über betriebliche Abläufe und über aktuelle sowie künftig benötigte (Kern-) Kompetenzen der Mitarbeiter. Digital verwaltete Teiltätigkeitslisten vereinfachen als Kompetenzdatenbank die Planbarkeit betrieblicher Veränderungsprozesse. Es ist vorgesehen, die Bildungsbedarfsanalyse auf Basis von Teiltätigkeitslisten in der Pharmaproduktion sowie in der neuen Pharmafabrik L.I.F.E am Standort Melsungen durchzuführen (vgl. Abschnitt 6.2.6).

Zur Erarbeitung von Handlungsempfehlungen für die kompetenzförderliche Gestaltung von Arbeitsplätzen kommt mit dem Lernförderlichkeitsinventar ein weiteres, in der Praxis erprobtes Instrument zum Einsatz (vgl. Frieling, Bernard, Müller & Bigalk, 2001, vgl. auch Abschnitt 4.3). Aus den Ergebnissen sollen Konzepte zum Lernen im Prozess der Arbeit und zur Neu- oder Umgestaltung von Arbeitsstrukturen abgeleitet, umgesetzt sowie mittels geeigneter Instrumente evaluiert werden. Es ist vorgesehen, repräsentative Arbeitsplätze zu untersuchen und die Gestaltungsansätze auf andere Bereiche zu übertragen.

5.3 Feedback- und Entwicklungsphase

Nach der Datenerfassung und -auswertung sollen die Analyseergebnisse an die beteiligten Organisationsmitglieder zurück gemeldet und konkretisiert werden. Für jeden Fachbereich bzw. jede Abteilung/Gruppe ist eine Feedbackpräsentation zu erstellen, die Formalqualifikationen, tätigkeitsbezogene Kenntnisse, absolvierte Weiterbildungen und Fähigkeiten der Beschäftigten aufzeigt. Neben den vorhandenen Potenzialen wird der Entwicklungsbedarf aus Sicht der Beschäftigten dargestellt, der ergänzend zu den von Führungskräften formulierten Anforderungen in die Erarbeitung von bedarfsgerechten Maßnahmen für verschiedene Zielgruppen einfließt. Die Grundlage stellen die aus den Bedarfs-, Arbeits- oder Tätigkeitsanalysen ermittelten Entwicklungsschwerpunkte und -ziele dar, die gemäß Tabelle 5 nach Kompetenzfacetten und Maßnahmenkategorien strukturiert werden. Zur Konkretisierung eignen sich moderierte Gruppendiskussionen bzw. Workshops (vgl. Lamnek, 1995), die sozialpartnerschaftlich besetzt sind und von den Mitgliedern des Projektkernteams moderiert werden, um die unterschiedlichen Interessensschwerpunkte angemessen zu integrieren. Der Teilnehmerkreis umfasst Führungskräfte,

Mitarbeiter[13], Vertreter des Betriebsrats, der Personal- und Personalentwicklungsabteilung sowie der externen Kooperationspartner, die organisatorisch in die Projektgruppe eingebunden sind (vgl. Abschnitt 2.3). In der ca. zweistündigen Veranstaltung werden die Teilnehmer gebeten, eine möglichst genaue inhaltliche Beschreibung der Entwicklungsschwerpunkte vorzunehmen, die Zielgruppen und den zeitlichen Rahmen festzulegen. Dieser dient als Orientierung und soll eine gewisse Verbindlichkeit schaffen. Abschließend werden geeignet erscheinende Umsetzungsformen für die Maßnahmen geplant, wie Abbildung 10 exemplarisch aufzeigt. Im Ergebnis entstehen spezifische Entwicklungskonzepte bzw. -pläne, die auf die Bedürfnisse der jeweiligen Abteilungen bzw. Teams oder Gruppen zugeschnitten sind.

Entwicklungs-schwerpunkte	**Beschreibung**	**Ziel-gruppe**	**Priorität**	**Umsetzung** durch...
Fachkompetenz				
Technische Prozesse:				
Lasercodierung	Maschine BX 2, vertiefende Kenntnisse			nicht konkretisiert
Hydraulik / Pneumatik	Grundlagen (externes Seminar)	Einrichter	mittel, bis 04.2005	Bedarf an Management Development melden
Maschinensteuerung	Einstellarbeiten / Inspektion der Abfüllmaschine	Bediener	hoch, bis 01.2005	läuft (Einweisung durch Coach)
Qualitätsmanagement:				
GMP-Richtlinien	Training on the job durch Aufzeigen von Fehlern bei Anwendung der Richtlinie	alle Mitarbeiter	mittel, 2. Quartal 2005	Fachabteilung: GMP-Beauftragter
IT-Kompetenz				
EDV	Grundlagen		gering	Querverweis → Web-Center
Intranet: Web-Center	Informationsrecherche	alle interessierten MA	gering, bis Ende 2005	Fachabteilung (Coach gibt erste Einweisung)
...				

Abbildung 8: Kompetenzentwicklungsplanung einer Abteilung (Beispiel)

Die Vorgehensweise zielt darauf ab, neben formaler Weiterbildung das Lernen im Prozess der Arbeit stärker zu berücksichtigen. Die Festlegung der Umsetzungs-

13 Da es organisatorisch nicht immer möglich ist, alle Abteilungsmitglieder zu den Workshops einzuladen, sollen diese Vertreter benennen, die die Interessen ihrer Kollegen einbringen.

formen macht deutlich, welche Maßnahmen arbeitsplatznah oder arbeitsintegriert (near/on the job) in den Fachabteilungen durchzuführen sind. Hingegen können Maßnahmen im Zuständigkeitsbereich der Abteilung Management Development oder des Personalwesens als formale Weiterbildungen bezeichnet werden. Um ein gesamthaftes Bild der Entwicklungsplanung zu zeichnen und die im Rahmen des Projekts vorgesehene Evaluation zu unterstützen, werden bereits laufende bzw. vor kurzem erledigte Maßnahmen dokumentiert. Querverweise kommen zum Tragen, wenn eine Kopplung mit anderen Themen stattfindet. Nicht konkretisierte Bedarfe sind enthalten, da diese eventuell in der folgenden Periode aufzugreifen sind und die Entwicklungsplanung als kontinuierlicher Prozess implementiert werden soll. Daher wird zum Abschluss einer jeden Veranstaltung aufgezeigt, wie die Bedarfsanalyse als Qualifizierungsplanung jährlich von den Fachabteilungen fortzuschreiben und mit den bestehenden Personalentwicklungsinstrumenten zu verbinden ist (vgl. auch Abschnitt 6.4). Zusammenfassend verdeutlicht Abbildung 9 die Vorgehensweise im Rahmen der Workshops.

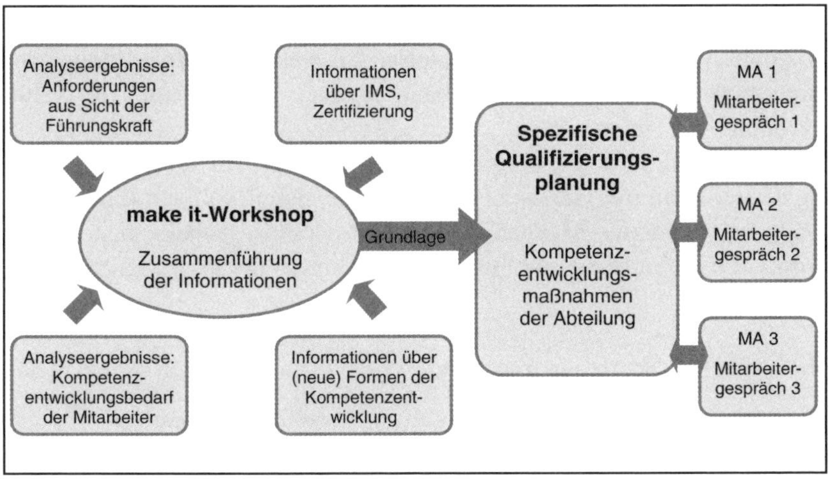

Abbildung 9: Elemente und Ziele der Entwicklungs-Workshops

5.4 Umsetzungs- und Evaluationsphase

Die genaue zeitliche Planung und Umsetzung der Kompetenzentwicklungsmaßnahmen liegt in der Verantwortlichkeit der Fachbereiche, unterstützt von der Abteilung Management Development bei formalen Weiterbildungen. Die Aktivitäten des Projektkernteams konzentrieren sich in dieser Phase u. a. darauf, die abteilungsbezogenen Maßnahmen zu bündeln, um Synergieeffekte nutzbar zu machen. Bestimmte Themenfelder lassen sich übergreifend organisieren, wenn es z. B. um die Aneignung genereller methodischer Kompetenzen oder allgemeiner Wissensgrundlagen im EDV-Bereich geht. Hierfür wird eine Datenbank entwickelt, in der alle eruierten Maßnahmen erfasst werden. So lässt sich ermitteln, welche Abteilungen und Zielgruppen beispielsweise Kenntnisse im Projektmanagement oder in MS-Office benötigten und ob der Bedarf inhaltlich (Grundlagen, Vertiefung, spezielle Anwendungsgebiete) übereinstimmt. Darüber hinaus gilt es, die Umsetzung von arbeitsplatznahen Lernprozessen in den Fachabteilungen zu begleiten und zu evaluieren.

Um die Vorgehensweise und Ergebnisse des Projekts zu bewerten, werden zu Projektbeginn praxisorientierte Kriterien definiert. Während Wottawa und Thierau (1998) davon ausgehen, dass nicht notwendigerweise systematische Verfahren oder datengestützte Beweise zur Bewertung bzw. Evaluation von Methoden oder Maßnahmen erforderlich sind, meint Evaluation nach Reischmann (2003) das methodische Erfassen und begründete Bewerten von Prozessen und Ergebnissen. Im Rahmen des Projekts werden beide Aspekte berücksichtigt. Als Evaluationsansatz gelten zum einen die kontinuierlichen Verbesserungsprozesse durch eine kommunikative Validierung in Expertendiskussionen mit der Projektgruppe sowie durch die Überprüfung bzw. Anwendung der Methoden im Praxisfeld. Zum anderen werden die Kriterien Akzeptanz und Relevanz bzw. Ökonomie konkretisiert. Die Akzeptanz bezieht sich auf die Bedarfsanalyse aus Sicht von Mitarbeitern und Führungskräften (Ist- und Soll-Analyse). Dies lässt sich beispielsweise anhand der Beteiligung der Organisationsmitglieder an der Bedarfserhebung messen. Auch werden relevante Ergebnisse erwartet, auf deren Basis bedarfsgerechte Kompetenzentwicklungsmaßnahmen ableitbar sind. Da die Umsetzung der Maßnahmen eine wesentliche Voraussetzung darstellt, um (ökonomische) Effekte zu erzielen, soll der Status (z. B. Anzahl und Nutzen realisierter Maßnahmen) eruiert werden. Tabelle 6 zeigt die Bewertungskriterien im Überblick, die mit den Teilnehmern der Projektgruppe ausgearbeitet wurden.

Tabelle 6: Praxisorientierte Bewertungskriterien

Phase	*Ziele*	*Kriterium / Instrument*
Analyse	Befragungsleitfaden zur Bedarfsanalyse aus Sicht der Mitarbeiter	Pretest und Akzeptanz der Befragung 50,0% Rücklauf
		Anzahl von Mitarbeitern angeregten Maßnahmen (∅ 1 Angabe), Benennung verschiedener Kompetenzfacetten
	Interviewleitfaden zur Bedarfsanalyse aus Sicht der Führungskräfte	Akzeptanz der Führungskräfte unterschiedlicher Hierarchieebenen und weitere Beteiligung
		Strukturierte Definition von Anforderungen / Anforderungsprofile
Entwicklung	Partizipative Erarbeitung von Kompetenzentwicklungsmaßnahmen und Förderung des Lernens im Prozess der Arbeit	Berücksichtigung der Anforderungen von Führungskräften *und* Entwicklungsbedarf der Mitarbeiter
		Arbeitsplatznahe und -integrierte Maßnahmen vs. Anteil formaler Weiterbildungen
		Förderung der Lernförderlichkeits-Dimensionen des Lernförderlichkeitsinventars

Phase	*Ziele*	*Kriterium / Instrument*
Umsetzung / Evaluation	Umsetzungsstand und Erfolgsbewertung der Maßnahmen	Führungskräfte-Interviews
	Nutzen der Vorgehensweise / des Kompetenzentwicklungsansatzes	Befragung der Organisationsmitglieder

6 Erzielte Ergebnisse

Das vorherige Kapitel beschreibt die Vorgehensweise im Rahmen des Kooperationsprojekts, die nun anhand von Praxisergebnissen vertieft werden soll. Die gewonnenen Erkenntnisse werden entlang der in Abschnitt 2.2 formulierten Projektziele strukturiert.

Nach einem Überblick über die empirischen Erhebungen (vgl. Abschnitt 6.1) werden die im Rahmen des Projekts erarbeiteten Kompetenzentwicklungskonzepte für gewerbliche und administrative Zielgruppen exemplarisch dargestellt und evaluiert (vgl. Abschnitt 6.2). Sodann wird ein Pilotprojekt vorgestellt, das sich mit der Schaffung lernförderlicher Arbeitsplätze beschäftigt (vgl. Abschnitt 6.3), bevor es um die Verankerung der Vorgehensweise bei der B. Braun Melsungen AG und den Transfer der Ergebnisse auf ein mittelständisches Unternehmen geht (vgl. Abschnitt 6.4). Schließlich werden die eingangs gestellten Forschungsfragen und ausgewählte Analyseergebnisse diskutiert (vgl. Abschnitt 6.5).

6.1 Überblick über die empirischen Erhebungen

Wie zuvor beschrieben, umfasst die Vorgehensweise verschiedene Schritte. Zunächst wird eine intensive Informationsphase durchgeführt, um das Projekts bekannt zu machen und die Akzeptanz zu erhöhen. Bei der B. Braun Melsungen AG finden ca. 350 Gespräche und Präsentationsveranstaltungen (Aufwand für 3.500 Mitarbeiter und 100 Vorgesetzte) statt.

In der Analysephase werden berufsbiografische Daten von 48,9% der Beschäftigten (N=1.713) erhoben und Vorgesetzte (N=81) unterschiedlicher Hierarchieebenen interviewt.[14] Die Daten werden zurückgemeldet und auf dieser Basis in der Entwicklungsphase über 80 abteilungs-/ gruppenspezifische Workshops zur Erarbeitung von Kompetenzentwicklungsmaßnahmen organisiert, wobei die Ergebnisse aus 29 gewerblichen und 33 administrativen Bereichen in den vorliegenden Projektbericht einbezogen werden können.[15]

Die Umsetzung der Maßnahmen liegt im Zuständigkeitsbereich des Unternehmens bzw. der Fachbereiche und wird nach ca. 10 Monaten bewertet. In der Evaluationsphase werden Interviews mit Vorgesetzten (n=48) zum Umsetzungsstand der Maßnahmen und zum Nutzen der Vorgehensweise geführt, ebenso werden die Mitarbeiter um eine Stellungsnahme gebeten (n=627).

Ergänzend wird ein spezielles Qualifizierungskonzept für die Mitarbeiter der neuen Pharmafabrik L.I.F.E auf Basis von Tätigkeitsanalysen entwickelt. Zur Sicherstellung eines reibungslosen Produktionsstarts sind in Verbindung mit der

---

14 Die Daten werden im Zeitraum von Oktober 2002 bis März 2005 erhoben.

15 Um aussagekräftige Ergebnisse zu erhalten, werden nur Bereiche/Abteilungen berücksichtigt, in denen eine Evaluation durchgeführt werden konnte.

Personalrekrutierung umfangreiche Schulungsmaßnahmen durchzuführen und unter Zuhilfenahme von Planungsunterlagen differenzierte Prozessbeschreibungen zu konzipieren.

Entsprechend den Projektzielen geht es im Weiteren um die Untersuchung repräsentativer Arbeitsplätze mit dem Lernförderlichkeitsinventar (vgl. Frieling, Bernard, Müller & Bigalk, 2001). Ein flächendeckender Einsatz ist nicht geplant, da die Erhebungen relativ umfassend sind. Vielmehr ist die Schaffung lernförderlicher Arbeitsplätze in Bereichen mit einem niedrigen Anforderungsniveau, die in geringem Ausmaß (formale) Lernprozesse erfordern, zielführend. Derartige Produktionsabteilungen sind in der Regel durch Personalstrukturen mit gering-qualifizierten Beschäftigten gekennzeichnet, deren Tätigkeiten sich in der Vergangenheit eher wenig verändert haben. Es ist unerlässlich, die Beschäftigten durch sorgfältig geplante Rahmenbedingungen und Lernen im Prozess der Arbeit an neue Entwicklungen heranzuführen. Tabelle 7 zeigt eine Zusammenfassung der empirischen Untersuchungen bei der B. Braun Melsungen AG.

Tabelle 7: Überblick der empirischen Erhebungen

Phase	*Vorgehensweise*
Information	Informationsveranstaltungen (ca. 350 Gespräche und Präsentationen)

Analyse	– Bedarfsanalyse aus Sicht der Mitarbeiter:
	  – Verteilung von ca. 3.500 Befragungsleitfäden
	  – Verwendbare Datensätze: N=1.713 (1.251 selbst ausgefüllte Bögen, 333 Interviews und 129 Online-Bögen)
	– Bedarfsanalyse aus Sicht der Führungskräfte
	  – Interviews auf unterschiedlichen Hierarchieebenen: N= 81 (76 Einzel- und 5 Gruppengespräche)
	– Einsatz von Teiltätigkeitslisten zur Erarbeitung eines Qualifizierungskonzepts
	– Einsatz von Lernförderlichkeitsanalysen in repräsentativen Bereichen

Entwicklung	– Datenrückmeldung (Survey-Feedback, Aushang, Flyer) – 80 Workshops zur Erarbeitung von Kompetenzentwicklungsmaßnahmen – Erarbeitung eines Qualifizierungskonzepts – Maßnahmen zur Schaffung lernförderlicher Arbeitsplatzbedingungen
Evaluation	– Interviews mit Führungskräften zum Umsetzungsstand der Maßnahmen (n=48) – Befragung der Mitarbeiter (n=627) – Einsatz spezifischer Evaluationsinstrumente zur Bewertung der Tätigkeits- und Arbeitsplatzanalysen

6.2 Kompetenzentwicklung bei administrativen und gewerblichen Zielgruppen

Um Kompetenzentwicklungsprozesse gezielt zu gestalten, wird eine organisationsweite Bedarfsanalyse aus Sicht der Mitarbeiter und der Führungskräfte angestrebt. Die hierbei gewonnenen Informationen stehen nachfolgend im Vordergrund, bevor auf Tätigkeits- und Arbeitsplatzanalysen eingegangen wird. Um die Vorgehensweise aus Sicht der Praxis bewerten zu können, werden die definierten Evaluationskriterien (vgl. Tabelle 6) in Verbindung mit der Ergebnisdiskussion überprüft. So wird z. B. bei den Führungskräften eine Beteiligung bzw. Mitwirkung unterschiedlicher Hierarchieebenen als erforderlich erachtet. Die Zielsetzung liegt in der Ableitung strukturierter Anforderungen, die in Verbindung mit dem Bildungsbedarf der Beschäftigten zur Erarbeitung von bedarfsgerechten Kompetenzentwicklungsmaßnahmen dienen. Um die Mitarbeiterorientierung zu gewährleisten, wird eine Beteiligung von 50% der Beschäftigten angestrebt.

6.2.1 Beschreibung der Zielgruppen

An der Bedarfsanalyse beteiligen sich 1.750 Mitarbeiter, 1.713 Datensätze können ausgewertet werden. Der als Evaluationskriterium definierte Rücklauf von 50% wird mit Blick auf die mitwirkenden Fachbereiche bzw. die in Informationsveranstaltungen angesprochenen Mitarbeiter (insgesamt ca. 3.500) bei einer Quote von 48,9% nicht ganz erreicht. Somit ist die Akzeptanz der Mitarbeiter differenziert einzustufen. Neben dem Veränderungsdruck spielt die Intensität der Informationsphase und das Vorgesetztenverhalten eine Rolle. So kann beispielsweise in kleineren Abteilungen (bis zu 20 Beschäftigten) eine höhere Beteiligung (z. T. 80-100%) erzielt werden. Neben einem direkteren Kontakt der Beschäftigten zur Führungskraft sowie dessen Unterstützung ist eine persönlichere Betreuung durch das Projektteam möglich. Auf Fragen und Bedenken z. B. hinsichtlich den Analysen und Auswertungen kann intensiver eingegangen werden, die Rückmeldung der Ergebnisse erfolgt schneller und der Nutzen lässt sich dadurch besser kommunizieren.

Tabelle 8 beschreibt die erfassten Zielgruppen. Bei der B. Braun Melsungen AG sind zum Zeitpunkt der Erhebung ca. 2.000 Angestellte tätig.[16] Da sich nicht alle Fachbereiche beteiligen. werden ca. 1.500 Befragungsleitfäden ausgegeben, es kann ein Rücklauf von 47,1% erzielt werden. Damit beträgt der Anteil administrativer Mitarbeiter in der Stichprobe 41,3% (n=707). In den gewerblichen Bereichen arbeiten zu Beginn der Analysen ca. 2.200 Beschäftigte, die alle eingebunden werden. Die Beteiligung liegt bei 45,7% (n=1.006). In der Stichprobe finden sich mehr Männer (66,3%); dies ist repräsentativ, da der Frauenanteil in gewerblichen Bereichen des Unternehmens insgesamt geringer ist. Beim Durchschnittsalter und

16 Die Mitarbeiterzahlen basieren auf Unternehmensstatistiken zu Beginn des Vorhabens im Jahr 2002.

der Betriebszugehörigkeit sind keine großen Abweichungen zwischen den Gruppen zu verzeichnen.

Tabelle 8: Beschreibung der untersuchten Zielgruppen

	Administrative Mitarbeiter		Gewerbliche Mitarbeiter	
Größe der Stichprobe (n)	707		1.006	
ø Alter (Jahre)	38,82		38,83	
ø Betriebszugehörigkeit (Jahre)	12,31		13,46	
Weiblich / Männlich (n)	308	398	338	667

Die Beteiligung der Führungskräfte an der Bedarfsanalyse lässt sich nicht quantitativ bewerten, da die obersten Leitungsebenen nicht befragt werden. Auf den mittleren Ebenen hängt es von den Vorgesetzten und der Abteilungsgröße ab, ob unterstellte Führungskräfte (Teamleiter, Meister usw.) einbezogen werden. Dies ist in den meisten Fällen realisierbar, so dass die Ergebnisse der Interviews (N=81) ein relativ umfassendes Bild der betrieblichen Situation zeichnen. Die Akzeptanz der Führungskräfte ist unterschiedlich ausgeprägt, was in der Analyse- sowie in der Entwicklungs- und Evaluationsphase deutlich wird.

6.2.2 Kompetenzentwicklung aus Sicht der Mitarbeiter

Wie bereits dargestellt, werden die Kompetenzen der Beschäftigten mit einem neu entwickelten Befragungsleitfaden erfasst. Neben Formalqualifikationen, Berufserfahrungen und bisheriger Weiterbildung geht es um die Erfassung des Kompetenzentwicklungsbedarfs und der beruflichen Entwicklungsinteressen.

In Bezug auf Kompetenzentwicklung wird in der Literatur die Bedeutung sozialisatorischer Effekte angeführt (vgl. z. B. Kaltschmid, 1994), die sich u. a. auf das Bildungsniveau bezieht. Ein Blick auf die schulische Ausbildung zeigt, dass über die Hälfte der administrativen Beschäftigten ein Fach-/Abitur hat. Hingegen liegt bei etwa 47% der Gewerblichen ein Volks-/ Hauptschulabschluss vor, 10% haben in Fach-/ Abitur.[17] Hinsichtlich der Berufsausbildung haben die Angestellten in der Regel eine Berufsausbildung absolviert, während ein Großteil der gewerblichen Mitarbeiter zwar eine Ausbildung hat, die aber zum Teil fachfremd ist. Der Anteil von Facharbeitern beträgt ca. 40%.

Das Qualifikationsniveau manifestiert sich beispielsweise in den von Mitarbeitern genutzten Lernformen (vgl. Abbildung 10). In administrativen Bereichen stehen Berufsausbildung und Erfahrungen aus der täglichen Arbeit im Vordergrund. Insbesondere formale betriebliche und private Weiterbildung wird von Angestellten stärker genutzt als von gewerblichen Beschäftigten. Diese lernen vorrangig durch Kollegen, aufgrund von Erfahrungen oder selbstorganisierten Lernprozessen, die Berufsausbildung ist eher für Facharbeiter relevant.

17 Bezogen auf die untersuchten Zielgruppen, Differenz zu 100%=mittlere Reife / keine Angabe.

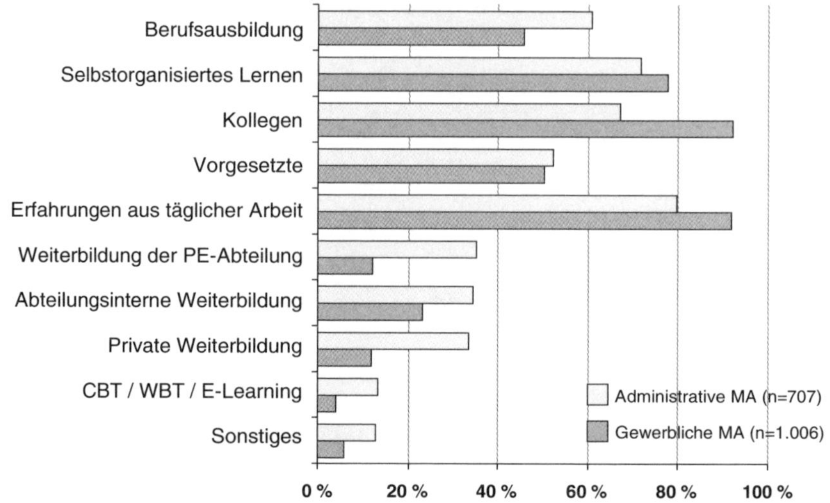

Abbildung 10: Lernformen gewerblicher und administrativer Zielgruppen

Betrachtet man die Teilnahme an betrieblicher Weiterbildung (vgl. Abbildung 11), so besuchen administrative Mitarbeiter im Schnitt 3,24 Maßnahmen, inhaltlich liegen die Schwerpunkte auf der Fach- (31,2%), IT- (28,7%) und Methodenkompetenz (18,7%). Weniger häufig wurden bislang Weiterbildungen im Bereich der Fremdsprachen- (9,8%), Sozial- und Selbstkompetenz (5,6%) besucht. Diese fallen bei gewerblichen Mitarbeitern kaum ins Gewicht, die im Schnitt 2,17 Maßnahmen absolvieren, im Wesentlichen im Bereich der Fach- (52,3%) und Methodenkompetenz (22,2%).

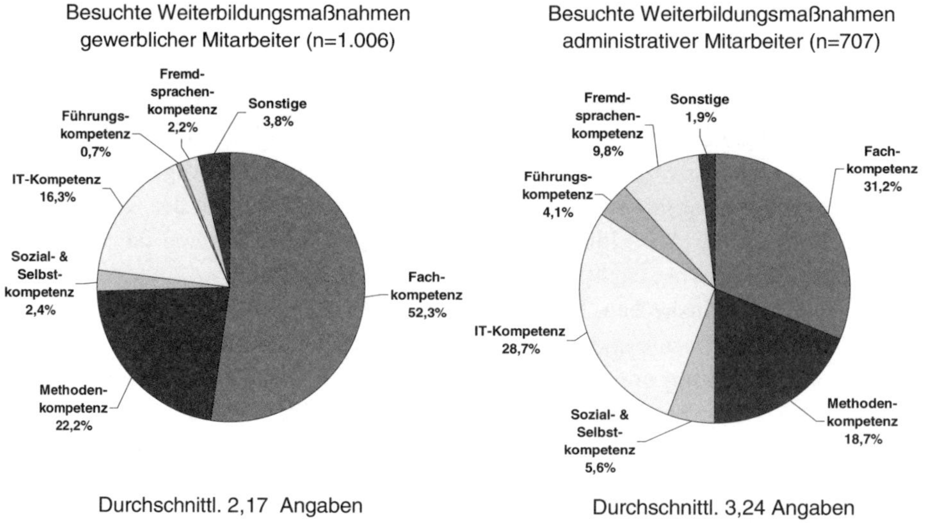

Abbildung 11: Teilnahme an Weiterbildung gewerblicher und administrativer Zielgruppen

Die Analysen heben hervor, dass administrative Mitarbeiter über einen besseren Zugang zu betrieblicher Weiterbildung verfügen und vielfältigere Maßnahmen besuchen. Gewerbliche Zielgruppen nehmen seltener an formaler Weiterbildung teil, die sich weitgehend auf fachliche Inhalte bezieht. Im Arbeitsalltag muss eher auf non-formale oder informelle Lernformen zurückgegriffen werden, die allerdings ein bestimmtes Tätigkeitsniveau erfordern, so dass für Gewerbliche insgesamt weniger Lernmöglichen bestehen (vgl. auch Dehnbostel, Erbe & Novak, 1998; Berichtssystem Weiterbildung, 2005, S. 55f.). Daher ist es ein wichtiges Element, den Entwicklungsbedarf aller Beschäftigungsgruppen zu erfassen und zu berücksichtigen. Zum einen soll die Betrachtung der von Mitarbeitern angeregten Maßnahmen darüber Aufschluss geben, inwieweit die Reflexion über vorhandene Kompetenzen und aktuelle Tätigkeiten eine selbstorganisierte Bedarfsdefinition unterstützt. Zum anderen werden die Informationen zur Erarbeitung von bedarfsgerechten Kompetenzentwicklungsmaßnahmen benötigt.

Wie sich zeigt, weicht der Bedarf zwischen den Zielgruppen sowohl quantitativ als auch qualitativ voneinander ab (vgl. Abbildung 12). Administrative Mitarbeiter generieren durchschnittlich 1,81 Angaben, inhaltliche Schwerpunkte liegen auf der IT- (27,9%) und Fachkompetenz (22,0%). Darüber hinaus werden Methoden- (18,9%), Fremdsprachen- (14,1%), Sozial- und Selbstkompetenzen (9,6%) gefordert. Bei gewerblichen Mitarbeitern finden sich im Schnitt 1,50 Angaben, bei denen es vorwiegend um den Ausbau von IT- (41%) und Fachkompetenzen (32,7%) geht. Die weiteren Facetten sind kaum benannt, wobei die Fremdsprachenkompetenz (8,9%) sogar häufiger gefordert wird als Methoden- (5,4%), Sozial- und Selbstkompetenz (4,4%).

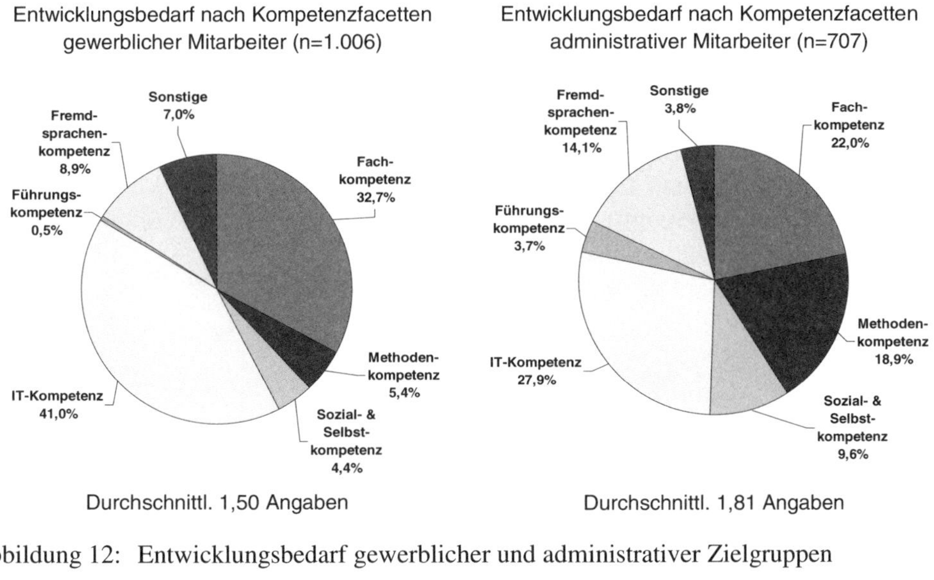

Abbildung 12: Entwicklungsbedarf gewerblicher und administrativer Zielgruppen

Mit Blick auf die Evaluationskriterien zur Bedarfsanalyse aus Sicht der Mitarbeiter ist festzuhalten, dass die Entwicklungsschwerpunkte bei beiden Zielgruppen auf der IT- und Fachkompetenz liegen. Angestellte fordern darüber hinaus den Ausbau von Methoden-, Fremdsprachen-, Sozial- und Selbstkompetenz, so dass sich ein variableres Bild ergibt und vor allem die administrativen Zielgruppen verschiedene Kompetenzfacetten benennen. Interessant ist die Verschiebung von der Fach- zur IT-Kompetenz in gewerblichen Bereichen.

In quantitativer Hinsicht wird das im Rahmen der Evaluation angestrebte Ziel erreicht, durchschnittlich eine Angabe zum Weiterbildungsbedarf zu generieren. Jedoch benennen 33,1% der gewerblichen und 27,3% der administrativen Mitarbeiter keine Maßnahmen. Obwohl nicht zwangsläufig davon auszugehen ist, dass die aktuellen Qualifikationen unzureichend sind, scheint eine differenzierte Sichtweise aufgrund der Bedarfsanalyse aus Sicht der Führungskräfte geboten, die nachfolgend dargestellt wird.

6.2.3 Kompetenzentwicklung aus Sicht der Führungskräfte

Bei der Durchführung von Bedarfsanalysen ist es unerlässlich, die Sichtweise der Vorgesetzten zu berücksichtigen, um die Maßnahmen am betrieblichen Bedarf auszurichten und die geforderte Verbindung mit den Zielen des Unternehmens bzw. der Fachbereiche zu unterstützen. Wesentlich ist die Erfassung von Veränderungen, die als Auslöser für Kompetenzentwicklung gelten und aus denen sich konkrete Anforderungen an die Beschäftigten ergeben sollen. Zu diesem Zweck ist der Interviewleitfaden so aufgebaut, dass eine strukturierte Vorgehensweise unterstützt wird.

Die Analyseergebnisse machen deutlich, dass Führungskräfte gewerblicher Bereiche schwerpunktmäßig den Ausbau von Fachkompetenz (40,7%) fordern. Daneben erlangen Methoden- (21,6%), Sozial- und Selbstkompetenz (17,0%) einen hohen Stellenwert, geringer wird die Bedeutung der IT-Kompetenz (13,9%) eingeschätzt. In administrativen Bereichen liegen die Anforderungen vor allem auf der Methoden- (30,3%) und Fachkompetenz (24,9%). Anschließend wird der Ausbau von IT- (16,4%), Fremdsprachen-(12,3%) sowie Sozial- und Selbstkompetenz (11,7%) gefordert (vgl. Abbildung 13).

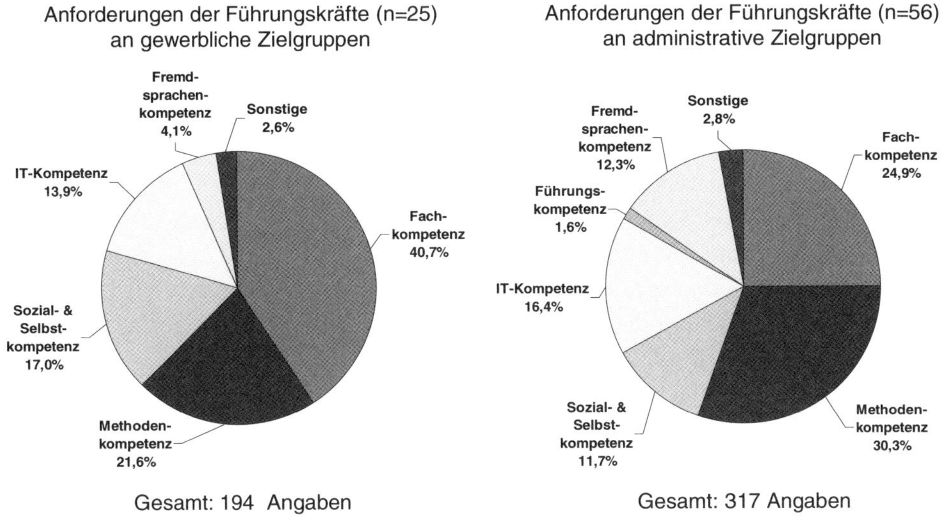

Abbildung 13: Anforderungen an gewerbliche und administrative Zielgruppen

Hinsichtlich der definierten Evaluationskriterien kann festgehalten werden, dass die gewonnenen Informationen über Ziele und Veränderungen der Abteilungen sowie die daraus abgeleiteten Anforderungen sich nach Umfang und Qualität unterscheiden und je nach Vorbereitung der Gesprächspartner variieren. Das Spektrum reicht von keiner Vorbereitung bis zur detaillierten Verknüpfung mit den Mitarbeitergesprächen und darin vereinbarten Zielen sowie Maßnahmen.

Die Analysen zeigen besonders in gewerblichen Abteilungen, dass die formulierten Anforderungen von dem benannten Entwicklungsbedarf der Mitarbeiter recht deutlich abweichen. In administrativen Bereichen sind die Differenzen weniger groß, lediglich Maßnahmen zum Ausbau der Methoden- und IT-Kompetenz werden nicht im gleichen Maße gefordert. In gewerblichen Bereichen wird nur der Fachkompetenz eine ähnliche Bedeutung beigemessen. Während die Beschäftigten auf IT-Kompetenz fokussieren, sind nach Ansicht der Führungskräfte methodische Kompetenzen auszubauen. Daneben werden verstärkt 'weiche' Faktoren gefordert, die sich auf Facetten der Sozial- und Selbstkompetenz beziehen. Hier äußern die Mitarbeiter ebenso wie bei der Methodenkompetenz wenig Bedarf, so dass die Ursachen dieser Divergenzen in der Entwicklungsphase zu klären sind.

6.2.4 Ergebnisse der Entwicklungsphase

Die wesentlichen Ziele der Entwicklungsphase liegen darin, bedarfsgerechte Maßnahmen zur Kompetenzentwicklung zu erarbeiten, die neben formaler Weiterbildung das Lernen im Prozess der Arbeit berücksichtigen. Die Ergebnisse der Bedarfsanalyse werden ausgewertet, verdichtet, als Survey-Feedback (vgl. Gebert, 1995) zurück gemeldet und in Workshops diskutiert. Aufgrund der angestrebten Partizipation sollen sowohl die Anforderungen von Führungskräften als auch die Bedarfe der Mitarbeiter in die Maßnahmengestaltung einfließen und in die Konzepte integriert werden.

Bei der B. Braun Melsungen AG werden in über 80 abteilungs- bzw. gruppenspezifischen Workshops ca. 1.300 Maßnahmen diskutiert und konkretisiert. Diese werden in einer Datenbank erfasst, so dass eine strukturierte Auswertung möglich ist und die Resultate der Evaluation (Erfassung des Umsetzungsstands geplanter Maßnahmen durch Führungskräfte-Interviews, vgl. Abschnitt 6.2.5) zu einem späteren Zeitpunkt ebenfalls hinterlegt werden können. Um die Aussagekraft der Befunde zu erhöhen, werden nachfolgend nur die Fachbereiche bzw. Abteilungen und Gruppen betrachtet, in denen eine Evaluation durchgeführt werden konnte.

Abbildung 14 zeigt die Ergebnisse der Entwicklungsphase strukturiert nach Kompetenzfacetten für gewerbliche und administrative Bereiche. Inhaltlich geht es bei gewerblichen Gruppen (n=29) vorrangig um fachliche Aspekte (41,8%), gefolgt von Maßnahmen zum Ausbau der IT-, (22,8%), Methoden- (14,5%), Sozial- und Selbstkompetenz (11,2%). In administrativen Bereichen (n=33) stehen IT- (28,5%) und Fachkompetenz (25,5%) im Mittelpunkt. Dies entspricht eher dem Bedarf der Beschäftigten, da nach Ansicht der Führungskräfte die Methodenkompetenz als wesentlich gilt (vgl. die obigen Ausführungen). Die zu diesem Zweck entwickelten Weiterbildungen umfassen 20,1%. Während 11,5% der Maßnahmen den Ausbau von Sozial- und Selbstkompetenz betreffen, sind 9,5% der Fremdsprachenkompetenz zuzurechnen. Da die Gruppe der administrativen Mitarbeiter kleiner ist, fällt die Maßnahmenplanung nicht nur inhaltlich variabler aus, sondern ist insgesamt umfangreicher als bei gewerblichen Zielgruppen.

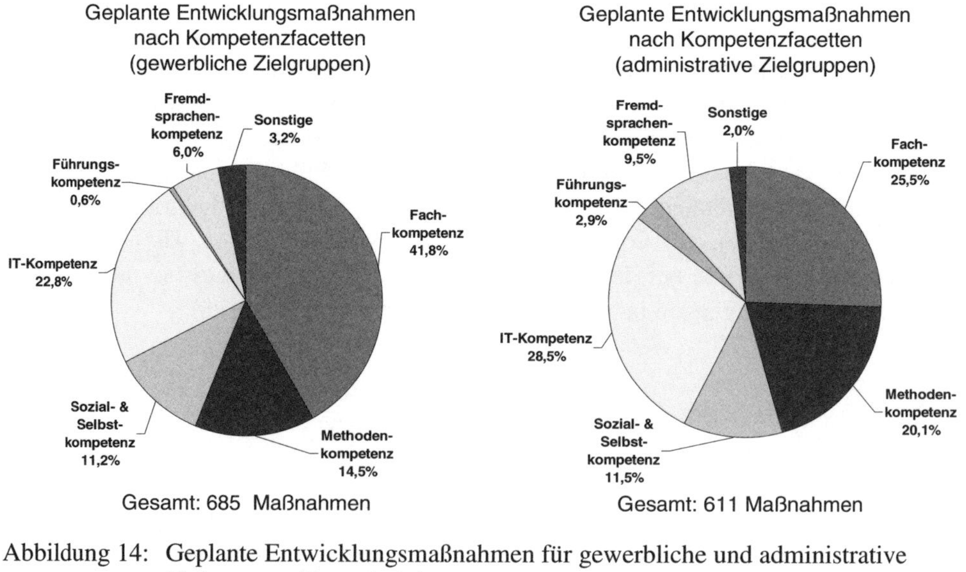

Abbildung 14: Geplante Entwicklungsmaßnahmen für gewerbliche und administrative Zielgruppen (Ausschnitt)

Die Planung sieht für administrative Mitarbeiter schwerpunktmäßig den Ausbau von IT-, Fach- und Methodenkompetenz vor, während bei gewerblichen Gruppen die Fachkompetenz im Mittelpunkt steht. In der Entwicklungsphase werden die Themen aber nicht nur inhaltlich, sondern auch hinsichtlich der Umsetzungsform konkretisiert. Die Zuständigkeit kann in der Fachabteilung liegen, um die Maßnahmen near oder on the job zu organisieren. Mit Blick auf die verschiedenen Kompetenzfacetten betrifft dies nach der vorliegenden Studie unabhängig von der Zielgruppe insbesondere den Ausbau von Fach- und IT-Kompetenz, die durch das Lernen von Kollegen oder abteilungsinternen bzw. -übergreifenden Austausch gefördert werden sollen. Für eine Steigerung der Selbstkompetenz (z. B. Flexibilität, Eigeninitiative, Veränderungsbereitschaft usw.) werden strukturelle Maßnahmen wie Job-Rotation, Übernahme von Projektaufgaben oder Lernen entlang der Prozesskette usw. in den Entwicklungs-Workshops geplant. Bei einer Verantwortlichkeit des Personalwesens bzw. der Personalentwicklung handelt es sich eher um formale Weiterbildungen (off the job). Dies trifft vermehrt auf den Ausbau von Methoden-, Sozial- und Fremdsprachenkompetenz zu.

6.2.5 Ergebnisse der Umsetzungs- und Evaluationsphase

Die zeitliche Planung und Umsetzung der erarbeiteten Kompetenzentwicklungsmaßnahmen liegt bei den Fachbereichen, unterstützt von der Personalentwicklungsabteilung oder dem Personalwesen bei formalen Weiterbildungen. Da die Entwicklungspläne zum Teil einen längerfristigen Horizont haben, erstreckt sich die Maßnahmenumsetzung in einigen Bereichen über die Projektlaufzeit hinaus und kann von der Projektgruppe nur teilweise begleitet werden. Jedoch sind mitarbeiterorientierte Analysen ebenso wie partizipativ gestaltete Entwicklungsmaßnahmen als Investition anzusehen, die sich im Wesentlichen rechnen, wenn eine Umsetzung erfolgt. Eine Evaluation soll hierüber Aufschluss geben. Zunächst geht es um die auf Basis von Bedarfsanalysen entwickelten Konzepte, die nach ca. 10-12 Monaten durch Führungskräfte-Interviews evaluiert werden. Als Gesprächsleitfaden dienen die erweiterten Entwicklungspläne: Zu jeder Einzelmaßnahme sollen neben dem Status (umgesetzt, in Bearbeitung, nicht umgesetzt) spezifische Erfolgskriterien definiert oder Gründe benannt werden, die eine Umsetzung bislang verhindern. Zur Unterstützung der Nachhaltigkeit werden die Vorgesetzten in diesen Fällen um eine neue Terminplanung gebeten.[18]

Wie Abbildung 15 darlegt, sind in gewerblichen Bereichen zum Evaluationszeitpunkt etwa 114 Maßnahmen in Bearbeitung (16,6%) und 158 umgesetzt (23,1%). Diese sind vorwiegend der Fach- (43,8%) und IT-Kompetenz (20,7%) zuzuordnen. In administrativen Bereichen wurden ebenfalls vorrangig Maßnahmen zur Fach- (35,1%) und IT-Kompetenz (27,7%) realisiert. Die Evaluation ergibt einen Umset-

18 Da im Rahmen der Projektlaufzeit nicht überprüft werden kann, ob die Umsetzung zu einem späteren Zeitpunkt erfolgt ist, wird den Verantwortlichen die ergänzte Dokumentation zur Fortschreibung der Planung zur Verfügung gestellt.

zungsstand von 41,9%, dabei gelten 187 Maßnahmen als erledigt (30,6%), 69 sind in Bearbeitung (11,3%).

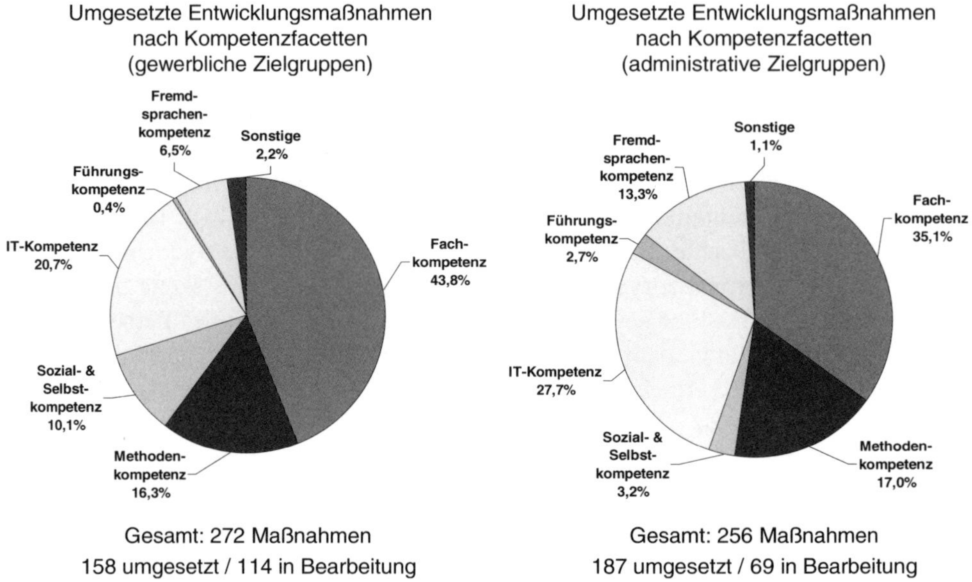

Abbildung 15: Umgesetzte Maßnahmen für gewerbliche und administrative Zielgruppen

Inhaltliche Schwerpunkte der Umsetzung liegen somit bei beiden Zielgruppen auf den Facetten Fach-, IT- und Methodenkompetenz. Hinsichtlich der quantitativen Dimensionen werden die Unterschiede zwischen den Beschäftigungsgruppen nicht sofort ersichtlich, jedoch sind die Umsetzungsprozesse in administrativen Bereichen umfangreicher, da die Zielgruppe kleiner ist und mehr Maßnahmen erledigt sind.

Inwieweit die ermittelten Kennzahlen positiv sind, kann nicht gesamthaft beurteilt werden, da keine Vergleichswerte (z. B. umgesetzte Maßnahmen vor dem Projekt oder für einen vergleichbaren Zeitraum) vorliegen. Aus einer analytischen Perspektive ist die Evaluation in diesem Punkt nicht zufriedenstellend. Allerdings betonen sowohl Führungskräfte als auch die betrieblichen Vertreter der Projektgruppe die langfristige Dimension der entwickelten Konzepte und die strategische Bedeutung der angestoßenen Prozesse. Unter ökonomischen Aspekten ist festzustellen, dass den bereits umgesetzten Maßnahmen nicht immer direkte Wirkungen zugeordnet werden (können). So werden diese mit sehr gut oder gut bewertet bzw. als erfolgreich oder weniger erfolgreich eingestuft. Die formulierten Erfolgskriterien beziehen sich weitgehend auf qualitative Aspekte. Auch – aber nicht nur – unter diesem Blickwinkel ist es bedeutsam, dass der Vorgehensweise ein Nutzen beigemessen wird, um die Bedarfsanalyse und Entwicklungsplanung als kontinuierlichen Ansatz zu implementieren. Daher werden die Führungskräfte gebeten, die umgesetzten Maßnahmen mit Blick auf eine erhöhte Effektivität der Abteilung zu beurteilen und den Gesamtnutzen der Vorgehensweise einzuschätzen. Eine erhöhte Effektivität der Abteilung bzw. der Gruppe sehen 17,4% der Befragten (n=23 Führungskräfte gewerblicher und n=16 Führungskräfte administrativer Bereiche). 35,9% machen keine Angaben oder verweisen darauf, dass (bislang) keine Beurteilung möglich ist (23,1%). Neben dem zum Teil längerfristigen Wirkungshorizont spielt der tatsächliche Umsetzungsstand der Maßnahmen eine Rolle, der nicht in allen Bereichen gleich ausgeprägt ist. Vielmehr ist in einigen Abteilungen davon auszugehen, dass zum Zeitpunkt der Evaluation wenige/keine Maßnahmen durchgeführt wurden, wobei die Akzeptanz der Vorgehensweise durch die Vorgesetzten relevant ist. Hierzu zeigt Abbildung 16, dass der Nutzen in administrativen Abteilungen vorwiegend als „mittel" eingeschätzt (56,2%) wird, 25,0% der Befragten beurteilen diesen als „hoch". In kleineren Abteilungen gilt der Ansatz als zu wenig individuell. Problematisch ist die Überschneidung mit bereits etablierten Instrumenten wie z. B. Mitarbeitergespräch oder der bisherigen Personalentwicklungsplanung. Dennoch ist die Ausprägung eines geringen Nutzens niedriger (12,5%) als in gewerblichen Bereichen (30,4%). Hier sehen 39,1% der Vorgesetzten einen mittleren Nutzen, 26,1% bewerten diesen als hoch.

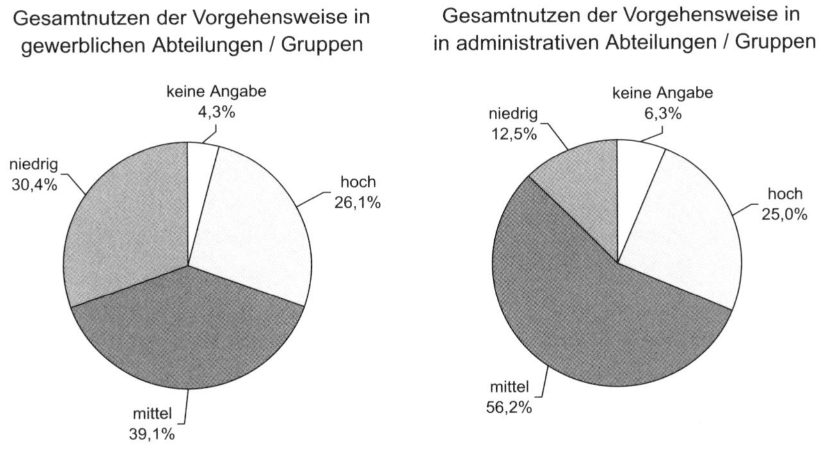

Abbildung 16: Nutzen aus Sicht von Führungskräften (n=48)

Die Umsetzungsprozesse werden auch von dem Engagement der Beschäftigten getragen, sich aktiv mit (ihrer) Weiterbildung auseinanderzusetzen, an der Optimierung der eigenen Arbeitsbereiche mitzuwirken und dies bei ihren Vorgesetzten einzufordern. Hierfür gilt der Nutzen aus Sicht der Mitarbeiter als ausschlaggebend, der durch eine Befragung eruiert wird. In einer freiwilligen, schriftlichen und anonymen Erhebung werden die Mitarbeiter gebeten, das Kompetenzentwicklungsvorhaben und die erzielten Ergebnisse zu bewerten. Der standardisierte Fragebogen ist so aufgebaut, dass er von den Beteiligten selbstständig ausgefüllt werden kann, die Fragen sind anhand einer Vierer-Skala zu beantworten. Die Befragung soll zum einen verdeutlichen, wie sich die Beschäftigten an dem Projekt beteiligt haben und ob eine ausreichende Informationsbasis (z. B. Hintergründe des Projekts, Bedeutung und Ziele von Kompetenzentwicklung im betrieblichen Kontext) geschaffen wurde. Zum anderen geht es um den Nutzen der Entwicklungsmaßnahmen und der Vorgehensweise für den Einzelnen sowie die Abteilung oder Gruppe.

An der Befragung beteiligen sich 627 Mitarbeiter. Dies entspricht einem Rücklauf von 17,9%, legt man die Zielgruppe von 3.500 Beschäftigten zugrunde, die in der Informationsphase angesprochen werden bzw. an der Bedarfsanalyse teilgenommen haben. Die Stichprobe umfasst 41,0% weibliche sowie 52,6% männliche bzw. 17,6% administrative und 65,1% gewerbliche Mitarbeiter.[19] Während 64,4% der Befragten an der Bedarfsanalyse mitwirken, können nur 14,2% an den Workshops in der Entwicklungsphase teilnehmen. 25% der Mitarbeiter geben an, sich nicht beteiligt zu haben.[20] Abbildung 17 enthält ausgewählte Befragungsergebnisse. Zunächst wird die Informationsvermittlung erfasst, die als wesentlich gilt, um den Kompetenzentwicklungsansatz zu implementieren und die Beschäftigten zu einer aktiven Mitwirkung zu veranlassen. Obwohl die Intensität der Informationsphase mehrfach deutlich gemacht wurde (vgl. z. B. Tabelle 7), können offenbar nicht alle Mitarbeiter ausreichend informiert werden: 55% der Befragten beantworten die Frage mit „eher nein/nein". Dennoch geben nur 15,6% an, sich selbst Informationen beschafft zu haben.

Ein wichtiges Ergebnis des Vorhabens stellen die in Workshops gemeinsam erarbeiteten Kompetenzentwicklungsmaßnahmen dar. Wie bereits angeführt, können nicht alle Mitarbeiter in die Entwicklungsphase eingebunden werden. Daraus resultiert die Frage, ob die Beschäftigten den Entwicklungsplan ihrer Abteilung bzw. Gruppe kennen.[21] Dies ist bei 34,1% der erfassten Personen der Fall, 11,3% mit der Angabe „eher ja" können hinzugerechnet werden. Auf dieser Basis wird seitens der Mitarbeiter eine Beurteilung möglich, inwiefern die angeregten und umgesetzten Maßnahmen für den eigenen Arbeitsbereich nützlich sind. Es sind hierbei auch solche Maßnahmen zu berücksichtigen, an denen z. B. Kollegen teilgenommen haben. Da nicht alle Beteiligten die Entwicklungsplanung kennen, machen 29,4% keine Angabe. Während 36,6% die Maßnahmen als nützlich einschätzen (ja/eher ja), sind 33,9% der Befragten nicht dieser Ansicht. Abschließend wird der Gesamtnutzen der Vorgehensweise von 10,7% als hoch bzw. von 27,4% als eher hoch eingestuft. Knapp die Hälfte der Befragten gibt keine zustimmende Bewertung ab und sieht eher keinen (27,8%) bzw. keinen hohen Nutzen (21,7%). Darüber hinaus sind 31,8% der befragten Mitarbeiter der Meinung, dass ihnen das Thema Kompetenzentwicklung näher gebracht wurde.

---

19 Differenz zu 100% (auch im Weiteren) = keine Angabe.

20 Mehrfachnennungen möglich.

21 Insbesondere in gewerblichen Bereichen können nur ausgewählte Mitarbeiter an den Workshops zur Erarbeitung von Kompetenzentwicklungsmaßnahmen teilnehmen. Daher ist es die Aufgabe der Führungskräfte, die Ergebnisse in den Gruppen zu kommunizieren und die Umsetzung vorzunehmen.

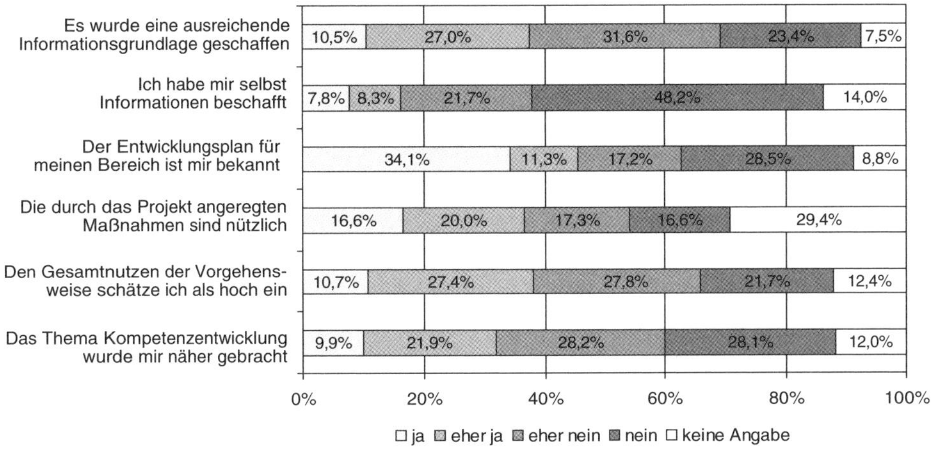

Abbildung 17: Ergebnisse der Mitarbeiterbefragung (n=627)

Als Fazit ist festzuhalten, dass die Bewertung der Informationsgrundlage und des Gesamtnutzens der Vorgehensweise eher kritisch ausfällt. Eine wichtige Grundlage für systematische und selbstorganisierte Lernprozesse liegt jedoch darin, dass die Beschäftigten wissen, welche Entwicklungsschwerpunkte relevant sind, welche Möglichkeiten zur Kompetenzentwicklung bestehen und wie sie genutzt werden können. Derartige Informationen sind in den abteilungs- bzw. gruppenspezifischen Maßnahmenplänen gebündelt. In diesem Zusammenhang zeigt sich, dass sich die Zufriedenheit mit informatorischen Aspekten erhöht, wenn die Mitarbeiter an der Entwicklungsplanung beteiligt sind bzw. diese kennen. 58,6% der Befragten, die den Entwicklungsplan ihres Bereichs/ihrer Abteilung kennen, geben an, dass eine ausreichende Informationsgrundlage geschaffen wurde, nicht zustimmend äußern sich 38,6%. Dieser Anteil liegt bei Beschäftigten, die keinen Einblick in den Entwicklungsplan ihres Bereichs haben, bei 76,6%. Eine ausreichende Informationsgrundlage sehen lediglich 20,2%. Darüber hinaus wird der Nutzen der Vorgehensweise deutlich positiver bewertet, wenn die Mitarbeiter an Maßnahmen teilnehmen konnten. Während die Evaluation des Umsetzungsstands aus Sicht der Führungskräfte darlegt, dass nach 10-12 Monate ca. 30% der geplanten Maßnahmen durchgeführt sind (vgl. Abbildung 15), hat nach eigener Auffassung bislang nur ein Teil der Mitarbeiter an Maßnahmen teilgenommen. Gründe können darin liegen, dass vor allem arbeitsplatznahe bzw. arbeitsintegrierte Lernformen nicht als Kompetenzentwicklungsmaßnahme aufgefasst werden und die Beschäftigten keinen Einblick in die Entwicklungsplanung ihres Bereichs haben. Daher sollten die Ergebnisse dazu anregen, die Organisationsmitglieder in organisatorischer und informatorischer Hinsicht stärker zu beteiligen und die Partizipation nachhaltig zu verankern.

6.2.6 Qualifizierungskonzept für die Mitarbeiter der neuen Pharmaproduktion

Im Rahmen eines umfangreichen Neubauprojekts wird eine neue Produktionsstätte zur Herstellung von pharmazeutischen Lösungen aufgebaut. Die zukunftsweisende Pharmafabrik L.I.F.E. („Leading Infusion Factory Europe") ist durch hochautomatisierte und standardisierte Prozesse gekennzeichnet. Die Herausforderung liegt darin, dass die Arbeitsprozesse zu Beginn der Untersuchung nicht existent sind und dennoch eine gezielte inhaltliche sowie zeitlich abgestimmte Anpassung der Mitarbeiter an die geplanten Arbeitsabläufe, neue Techniken und Anforderungen gewährleistet werden muss. Zu diesem Zweck konstituiert sich eine Arbeitsgruppe aus zukünftigen Vorgesetzten, dem zuständigen Personalreferenten als Projektleiter, Vertreter der Abteilung Management Development und Mitgliedern aus dem Kernteam des Projekts *make it*. Ihnen wird die Aufgabe übertragen, den Kompetenzentwicklungsbedarf zu analysieren und ein Qualifizierungskonzept zu erarbeiten. In diesem Zusammenhang wird das Konzept der Teiltätigkeitslisten in modifizierter Form angewendet. Dies bietet die Möglichkeit, den Kompetenzentwicklungsbedarf insbesondere bei Fachkompetenzen gezielt zu bestimmen, obwohl sich die Arbeitsprozesse und -strukturen zum Zeitpunkt der Analysen in der Planungsphase befinden und von großer Komplexität sowie einer Vielzahl neuer Maschinen und Technologien gekennzeichnet sind.

Im ersten Schritt bei der Erstellung des Qualifizierungskonzepts geht es um die Ziele und um die Leitlinien für Kommunikation sowie Zusammenarbeit. Wichtig ist der Aspekt, dass sich das Konzept an alle Beschäftigten richtet und dass es (auch) darum geht, Veränderungsprozesse im Sinne eines Change-Managements einzuleiten. Für das Grobkonzept zur Qualifizierung werden die Ergebnisse der Bedarfserhebung aus der bestehenden Pharmaproduktion zugrunde gelegt, ergänzt um die von den Vorgesetzten formulierten Anforderungen an die Beschäftigten. Die eher allgemein gehaltenen Kompetenzentwicklungsziele der Führungskräfte können durch die Angaben der Mitarbeiter konkretisiert werden. Die Beteiligung der Beschäftigten an der Bedarfsanalyse ist in der betroffenen Produktlinie besonders hoch und die Daten zum Weiterbildungsbedarf umfangreich. Von 79 Mitarbeitern machen nur 17 keine Angabe, die inhaltlichen Schwerpunkte liegen auf dem Ausbau der Fach- und IT-Kompetenz. Nach Ansicht der Führungskräfte spielt die methodische Kompetenz eine ausschlaggebende Rolle. Ergänzend werden Anforderungen zur Sozial- und Selbstkompetenz definiert, wie Abbildung 18 beispielhaft zeigt.

1.	Fachkompetenz	3.	Sozial- und Selbstkompetenz
	Fachliche Aufgaben		Kommunikation
	Qualitätsmanagement		Teamfähigkeit
	Arbeitssicherheit		Konfliktfähigkeit
	Produktkenntnisse		Selbstmanagement, Flexibilität
2.	**Methodenkompetenz**	**4.**	**IT-Kompetenz**
	Projektmanagement		IT-/EDV allgemein
	Gruppenarbeit		Office
	Kontinuierlicher Verbesserungsprozess		SAP
	Störungsanalyse/Problemlösung		Produktionsleitsysteme

Abbildung 18: Grobkonzept zur Qualifizierung der Mitarbeiter

Erstellung von Teiltätigkeitslisten

Teiltätigkeitslisten ermöglichen es, die Prozessschritte für die geplanten Bereiche der neuen Pharmaproduktion zu strukturieren und alle anfallenden Teiltätigkeiten prozessorientiert zu beschreiben, um Qualifizierungsmaßnahmen für die Beschäftigten planen und inhaltlich konkretisieren zu können. Da zunächst keine detaillierten Arbeits- und Prozessbeschreibungen zur Verfügung stehen, werden die Listen ausgehend von der bestehenden Pharmaproduktion entwickelt. Die erste Struktur auf Basis vorhandener Unterlagen wird in drei Workshops mit dem zuständigen Coach und dem Betreuer für Gruppenarbeit auf die reale Arbeitssituation des bestehenden Werks angepasst. In weiterführenden Abstimmungsgesprächen mit Planungsingenieuren, Linien- bzw. Bereichsleitern wird deutlich, dass sich die Listen nicht auf die geplante Produktion adaptieren lassen und in den meisten Fällen neu erstellt werden müssen, da sich die Abläufe und Prozesse grundlegend verändern. Die Aufgaben sind insbesondere in der Produktion wesentlich komplexer, was nicht nur an der Menge der Teiltätigkeiten oder der steigenden Anzahl verschiedener Maschinen deutlich wird, sondern auch an dem Anteil von Bedienungs- und Überwachungstätigkeiten der EDV-gesteuerten Anlagen. Manuelle Teiltätigkeiten werden nur noch selten auszuführen sein. Daneben werden Störungsanalyse und -beseitigung immer wichtiger, die Mitarbeiter müssen sich quantitativ sowie qualitativ höheren (technischen) Anforderungen stellen.

Die Diskussionen in der Projektgruppe verdeutlichen, dass der Fokus zur Erstellung von Teiltätigkeitslisten auf der Produktion liegt, da hier die umfangreichsten Qualifizierungsprozesse anstehen. Im Weiteren sollen Listen für die Nebenbereiche (Warenein- und -ausgang, Instandhaltung) sowie für administrative Abteilungen (z. B. Produktionsplanung) entwickelt werden. Insgesamt werden sieben Teiltätigkeitslisten für die Bereiche

- Planungs- und Leitungsfunktionen,
- Dokumentation,
- Infusionslösungsherstellung,

- Produktion,
- Logistik,
- Mikrobiologie und
- Instandhaltung

ausgearbeitet, die einen unterschiedlichen Detaillierungsgrad aufweisen. Aufgrund der komplexen Prozesse wird es von den zuständigen Führungskräften und Sachbearbeitern als positiv empfunden, ein strukturiertes Instrument an der Hand zu haben, mit dem sich die Tätigkeiten prozessorientiert dokumentieren lassen, das aber zugleich flexibel ist und sich ohne großen Aufwand anpassen lässt, wenn neue Erkenntnisse über z. B. die Maschinenbedienung und -wartung vorliegen. Während die Tätigkeiten bei den administrativen Aufgaben eher kurz anhand der Stellenbeschreibungen charakterisiert werden, sind die Listen der Produktion umfangreich und beschreiben die Arbeitsaufgaben während jedes einzelnen Produktionsschritts. Durch die parallel verlaufende Personalrekrutierung können die zukünftigen Mitarbeiter und deren vorhandene Kompetenzen zeitnah erfasst werden. Die Zuweisung des entsprechenden Soll-Profils macht deutlich, welche Mitarbeiter welche Teiltätigkeiten ausführen sollen und ob sie die erforderlichen Kompetenzen besitzen, bereits erworben haben oder noch erwerben müssen (Delta zwischen Soll und Ist). In Abbildung 19 lässt sich am Beispiel des Mitarbeiters 1 verdeutlichen, dass dieser bei den Teiltätigkeiten 1.2, 1.3 sowie 2.1-2.4 noch Kompetenzentwicklungsbedarf

Produktion			Schulung		MA 1		MA 2		MA 3	
			Priorität	Dauer	Ist	Soll	Ist	Soll	Ist	Soll
1	**Automatisierter Produktionsprozess**		**1**	**50**						
	1.1	Anlagenführung			X	X		X		
	1.2	Wartungs- und Reinigungsarbeiten				X		X		
	1.3	Störungsanalyse und -behebung				X		X		
	1.4	Bestückung Magazine			X	X		X		
	1.5	Reinigungsprozesse			X	X		X		
	1.6	Technische Überwachung			X	X		X		
	1.7	...			X	X		X		
2	**Palettierung**		**1**	**20**						
	2.1	Palettierung - Anlagenbedienung				X			X	
	2.2	Prozessüberwachung				X			X	
	2.3	Wartungs- und Reinigungsarbeiten				X			X	
	2.4	Durchführung von Transporten				X			X	
3	**Optische Kontrolle**		**2**	**70**						
	3.1	Optische Prüfung							X	
	3.2	Gesamt-Prozessüberwachung							X	
	3.4	Wartungs- und Reinigungsarbeiten							X	
	3.5	...							X	

Abbildung 19: Soll-Ist-Abgleich im Rahmen von Teiltätigkeitslisten (Auszug)

hat (das X kennzeichnet im Soll-Profil die erforderlichen Kompetenzen und verdeutlicht im Ist-Profil, ob der Mitarbeiter diese besitzt). Die Spalte „Schulung/Qualifizierung“ erlaubt eine Priorisierung der Maßnahmen (1 = hohe Priorität; 2 = mittlere Priorität) und beschreibt den anfallenden Zeitbedarf für die Qualifizierungen in Stunden (z. B. 50 Stunden für Block 1 „Automatisierter Produktionsprozess“), der aufgrund der Komplexität der Arbeitsprozesse eingeschätzt wird.

Erarbeitung von Kompetenzentwicklungsmaßnahmen

Die inhaltliche Ausgestaltung der Maßnahmen erfolgt auf Basis der Teiltätigkeitslisten, da die zu beherrschenden Tätigkeiten die Schulungsinhalte bestimmen und den Listen entnommen werden können. Für jede Einzelmaßnahme wird ein Anforderungskatalog erstellt, um die zielgerichtete Durchführung zu gewährleisten. Inhaltliche Aspekte,[22] Rahmenbedingungen und Zuständigkeiten der Umsetzung werden ebenso definiert wie zu erreichende Erfolgskriterien. Ergänzend wird hinterlegt, wer die Schulungsmaßnahmen umsetzen soll (vgl. Abbildung 20).

Anforderung an technische Weiterbildung	
Zielgruppe	Gewerblich-technische Mitarbeiter Produktion
Ziel der Veranstaltung: Was sollen die Teilnehmer kennen und können	Mitarbeitern alle maschinenrelevanten Kenntnisse vermitteln (siehe Inhalt). Die Teilnehmer sollen in der Lage sein, die Kenntnisse weiterzugeben
Erfolgskriterien	Jeder Teilnehmer muss in der Lage sein, die Anlage selbständig zu betreiben
Inhalte der Veranstaltung	– Bedienung und Überwachung der Anlagen – Einstellarbeiten / Inspektion der Abfüllmaschine – Kalibrierarbeiten / Reinigungsarbeiten – Durchführung von kleineren Reparaturen – Maschinendokumente – Arbeitssicherheit / Verhalten bei Störungen
Methoden	Schulung während der Inbetriebnahme vor Ort, Erläuterung der Funktionen aufgrund der Bedienungsanleitung und Teiltätigkeitslisten
Priorität und Dauer	hoch / 8 Stunden
Ort / Referent	Melsungen, Bauteil B, Raum 12
Zertifikat	erforderlich

Abbildung 20: Anforderungen an Weiterbildung (Beispiel)

Die Mitarbeiter bestätigen die Teilnahme bzw. den Kenntniserwerb mit ihrer Unterschrift, zusätzlich werden Zertifikate ausgestellt. Anschließend werden die Ist-Profile der Mitarbeiter anhand besuchter Schulungen ergänzt, um eine sukzessive An-

22 Ergänzend werden Unterlagen wie Betriebsanleitungen, Lastenhefte, Maschinen- und Schulungsdokumentationen der Hersteller und/oder weitere Schulungsunterlagen verwendet.

passung an das entsprechende Soll- bzw. Tätigkeitsprofil zu erreichen. Ergänzend zu den fachlichen Anforderungen, die sich je nach Verwaltungs- bzw. Produktionsbereich unterscheiden, werden überfachliche Kompetenzen, wie z. B. Problemlösefähigkeit, methodisches Vorgehen, Projektmanagement, Team-, Kommunikations- und Konfliktfähigkeit oder Selbstmanagement definiert. Diese können keinem Arbeitsprozess direkt zugeordnet werden, sind aber für die Gesamtaufgaben von Bedeutung. Für die erforderlichen Methodenkompetenzen, z. B. KVP (Kontinuierlicher Verbesserungsprozess) usw. organisiert die Abteilung Management Development ein umfassendes Schulungskonzept, das von externen Trainern durchgeführt wird. Ferner finden speziell auf den Bedarf abgestimmte Führungskräftetrainings statt.

Evaluation des Qualifizierungskonzepts

Das vorrangige Ziel des Konzepts liegt darin, alle Beteiligten mittels einer integrierten Entwicklungsplanung zu qualifizieren, die fachliche und fachübergreifende Maßnahmen berücksichtigt. Hierfür werden Teiltätigkeitslisten erstellt, die eine strukturierte Ableitung von Anforderungen an die Beschäftigten ermöglichen und als Kompetenzdatenbank genutzt werden sollen. Da sich die Arbeitsprozesse der neuen Fertigung mittels Teiltätigkeitslisten systematisch abbilden und strukturieren lassen, können die anfallenden Teiltätigkeiten anforderungsorientiert gebündelt werden, um die Qualifizierungsmaßnahmen zu planen. Die Komplexität der Qualifizierungsprozesse wird daran deutlich, dass in den Listen für die Produktion und Instandhaltung jeweils bis zu 400 Teiltätigkeiten enthalten sind. Diese sind auf vier Arbeitsprozesse verteilt und bedingen nach Aussage der zuständigen Sachbearbeitung zwischen 40 bis 120 Schulungsmaßnahmen (in der Regel à 2-4 Stunden) für die dort beschäftigten Mitarbeiter. Je nach Art und Inhalt der Maßnahmen besteht die Möglichkeit, die fachlichen Schulungen durch Maschinenhersteller, bereits geschulte Kollegen oder Vorgesetzte umzusetzen. Für die überfachlichen Weiterbildungen zum Ausbau der Methodenkompetenz werden externe Trainer eingesetzt. Nach den Schulungen bestätigen die Mitarbeiter den Kenntniserwerb mit ihrer Unterschrift in den Anforderungskatalogen. Die Teilnahme wird in den Ist-Profilen der Mitarbeiter erfasst, um eine Anpassung an die Soll-Profile zu erreichen.

Teiltätigkeitslisten sind eine adäquate Basis der Schulungsplanung und -dokumentation, die in SAP-Veranstaltungsmanagement übertragen werden kann. Durch die Möglichkeit, die Soll- und Ist-Profile künftig edv-gestützt zu pflegen, ergibt sich die Basis einer Kompetenzdatenbank. Die Relevanz der Vorgehensweise lässt sich u. a. daran messen, dass die Teiltätigkeitslisten von internen und externen Auditoren als Methode zur Dokumentation vorhandener und als Planungsinstrument zu entwickelnder oder aufzufrischender Qualifikationen akzeptiert werden. Dieser Nachweis ist u. a. für die Erlangung einer Produktionsgenehmigung erforderlich. Teiltätigkeiten können als zielführend angesehen werden, um komplexe fachliche Anforderungen zu strukturieren, die notwendigen Schulungsmaßnahmen inhaltlich und zeitlich zu planen sowie zielgerichtet durchzuführen. Es erweist sich als nutzbringend, dass die Maßnahmen neben der anspruchsvollen zeitlichen Planung keine detaillierte Konzeption erfordern, weil die Inhalte den Teiltätigkeitslisten direkt entnommen werden können.

Da sich zusätzliche Vorteile aus Sicht des Qualitätsmanagements bieten, soll die Methodik der Teiltätigkeitslisten nach Abschluss des Pilotprojekts in weiteren gewerblichen Bereichen initiiert werden. Die Listen können als Weiterentwicklung vorhandener Qualifikationsmatrizen angesehen werden, da sie detaillierter und präziser sind. Ein zusätzlicher Anwendungszweck liegt in der Schulung neuer Mitarbeiter. Darüber hinaus lassen sich folgende Ziele unterstützen:
- Selbststeuerung der Gruppe (Einsatz-, Urlaubsplanung usw.),
- Übersicht über Qualifikationsniveau (welche Tätigkeiten kann die Gruppe/das Gruppenmitglied durchführen),
- Klarheit der notwendigen Schichtbesetzung (wie viele Mitarbeiter mit welchem Qualifikationsniveau werden benötigt),
- Aufzeigen des Qualifikationsbedarfs (welche Maßnahmen sind künftig durchzuführen, z. B. Schulung, Lernen durch Job-Rotation, Lernen in Projekten).

Die Qualifikationsmatrix wird in den Gruppengesprächen mit Inhalt gefüllt. Des Weiteren wird gemeinsam mit den Coachen und Gruppensprechern eine Kompetenzskala entwickelt, an der sich die Einstufung der Qualifikation orientiert. Die Kompetenzskala ist folgendermaßen aufgebaut:
- 3 = Experte (beherrscht alle Teiltätigkeiten/hat detailliertes Expertenwissen/Störungsanalyse und -beseitigung/kann andere MA qualifizieren),
- 2 = Anwendung/Ausführung (kann alle Teiltätigkeiten ausführen/benötigt keine Hilfe zur Ausführung/teilweise Störungsanalyse und -beseitigung),
- 1 = Grundkenntnisse (hat Grundkenntnisse aller Teiltätigkeiten/benötigt Unterstützung von anderen MA),
- 0 = trifft nicht zu (hat keine oder geringe Kenntnisse aller Teiltätigkeiten).

Für jede Schichtgruppe werden die benötigten Qualifikationsstufen als Sollwerte festgelegt. In den Gruppensitzungen werden Ziele, Nutzen, Vorgehen und Aufbau der Qualifikationsmatrix erläutert sowie eine Selbsteinschätzung durch die Gruppenmitglieder vorgenommen. Anschließend erfolgen Gruppenfeedback und Festlegung des Schulungsbedarfs. Bei der Beurteilung sind Selbst- und Gruppeneinschätzung gleichwertig. Dies äußert sich im Aufbau der Matrix. Selbst- und Gruppeneinschätzung stehen nebeneinander (vgl. Abbildung 21). Bei der Festlegung des Schulungsbedarfs werden die Gruppen durch den Ist-Soll-Vergleich unterstützt. Unterschreitet der Ist- den Soll-Wert, wird dies farblich angezeigt. Es kann festgelegt werden, durch welche Maßnahmen der Schulungsbedarf gedeckt werden soll. Die Qualifikationsmatrix ist in regelmäßigen Abständen (mindestens einmal jährlich) zu aktualisieren. Dies betrifft das Qualifikationsniveau, das sich durch Erfahrungsgewinn und Schulungen verändert sowie die Tätigkeiten, die sich mit den Arbeitsprozessen und Verantwortungsbereichen (weiter-) entwickeln.

		Mitarbeiter 20			Summe Soll				Summe Ist (geringere Einschätzung)				Anzahl Schulungen		
3	Experte														
2	Anwendung/ Ausführen	Selbstei	Gruppe	Sc	0	1	2	3	0	1	2	3	über Frau	gruppen-intern	sonstige
1	Grundkenntnisse												x	g	s
0	trifft nicht zu														
	Tätigkeitsbezogene Kompetenzen, Fertigkeiten und Kenntnisse	- -	- -												
	Abfüllung Ecoflac	- -	- -												
1.1	**Bottelpack 1**	- -	- -												
	Bedienen und Überwachen der Anlagen	2	3		0	0	3	2	15	1	4	0	1	1	2
	CIP/SIP durchführen	3	3		0	0	3	2	16	0	1	3	1	0	0
	Stanze bedienen	3	3		0	0	3	2	15	1	1	3	3	0	1
	Abfüllmuster ziehen	3	3		0	0	3	2	15	1	1	3	1	2	0
	Einstellarbeiten Extrusion	1	2	x	0	0	3	2	16	2	1	1	3	1	1
	Sterilfiltration Filterwechsel und -prüfung	1	1	x	0	0	3	2	16	3	1	0	5	0	0
	Wartungsarbeiten durchführen	2	3	s	0	0	3	2	15	1	4	0	1	3	1
	Störungsbeseitigung	3	3		0	0	3	2	15	1	2	2	1	2	1
	Maschinendokumentation	2	3	g	0	0	3	2	16	0	4	0	0	2	2

Abbildung 21: Qualifikationsmatrix – Soll-Ist-Vergleich und Qualifikationsbedarf

6.3 Gestaltungsmaßnahmen zur Schaffung lernförderlicher Arbeitsstrukturen

In den Diskussionen um neue Formen der Kompetenzentwicklung wird immer wieder auf die Bedeutung des Lernens im Prozess der Arbeit verwiesen. Um diesen Aspekt aufzugreifen, werden im Rahmen des Projekts repräsentative Arbeitsplätze mit dem Lernförderlichkeitsinventar (vgl. Frieling, Bernard, Müller & Bigalk, 2001) untersucht, um Gestaltungsvorschläge für lernförderliche Arbeitsstrukturen abzuleiten und diese auf weitere Produktionsabteilungen zu übertragen.

Im Juni 2003 finden in zwei Herstellbereichen erste Untersuchungen statt. Die Abteilungen zeichnen sich durch ein hohes Maß an Handarbeitstätigkeiten aus. Während eine Abteilung im Anschluss an die Erhebung umstrukturiert wird, können in einer weiteren Abteilung Gestaltungsmaßnahmen umgesetzt und evaluiert werden. Das Pilotprojekt bezieht sich auf einen Bereich, in dem medizinische Einmalprodukte gefertigt werden. Die Beschäftigten arbeiten in einem Drei-Schicht-System, die Schichtgruppen umfassen etwa 30 Mitarbeiter. Die Gruppe fertigt Zubehör für die Infusionstechnik und Artikel zur Anästhesie, so dass hohe Qualitätsanforderungen an die Produkte gebunden sind. Bei einem Großteil der Arbeitsplätze handelt es sich um handmontageorientierte Tätigkeiten. Einzelne Arbeitsplätze erfordern eine Maschinenbedienung, zu deren technischer Betreuung gruppenübergreifende Einrichter zur Verfügung stehen. Da die mittelfristig geplante Automatisierung der Fertigung aufgrund der Standortsicherungsvereinbarung vorwiegend mit dem vorhandenen Personalbestand zu realisieren ist, zeigen die Vorgesetzten eine hohe Bereitschaft, zeitliche und personelle Kapazitäten bereitzustellen.

Ergänzend zu den Bedarfsanalysen können verschiedene Instrumente des Lernförderlichkeitsinventars, wie z. B. das Beobachtungsinterview am Arbeitsplatz, eingesetzt werden. Um die Sensibilisierung für das Thema zu fördern, werden die Vorgesetzten und der zuständige Betriebsrat um eine Einschätzung zur Lernförderlichkeit mittels eines standardisierten Fragebogens des Lernförderlichkeitsinventars gebeten, der inhaltlich die gleichen Dimensionen enthält wie das Beobachtungsinterview. Die Ergebnisse werden nach der Auswertung miteinander verglichen, damit ein objektives Bild aus verschiedenen Perspektiven entsteht. Anschließend werden die Ergebnisse in gemeinsamen Workshops diskutiert, um Gestaltungsmaßnahmen abzuleiten und nach der Umsetzung zu evaluieren. Hierfür wird eine Projektgruppe gebildet, in der neben dem Personalwesen und dem Betriebsrat drei Mitarbeiter dauerhaft mitwirken. Ebenso wird der Bereichsleiter, Prozessbegleiter und Gruppensprecher eingebunden.

6.3.1 Analyse der Lernförderlichkeit

Die betrachtete Gruppe besteht zum Zeitpunkt der Analysen aus 85 Mitarbeitern, von denen vier männlich und 81 weiblich sind. Das Durchschnittsalter liegt bei 44 Jahren. Über 70% der Beschäftigten sind länger als 15 Jahre im Unternehmen tätig, ein Großteil hat bislang ausschließlich in der Gruppe oder in vergleichbaren Fertigungsbereichen gearbeitet. Etwa 30% der Mitarbeiter haben keine Berufsausbildung, im erlernten Beruf sind vier Beschäftigte tätig.

Ergänzend zeigt Abbildung 22 als komprimiertes Ergebnis der Bedarfsanalyse aus Sicht der Mitarbeiter, dass durchschnittlich 2,52 Weiterbildungsmaßnahmen absolviert werden,[23] wobei es sich weitgehend um gesetzlich vorgeschriebene jährliche Arbeitssicherheits- und Qualitätsschulungen handelt.

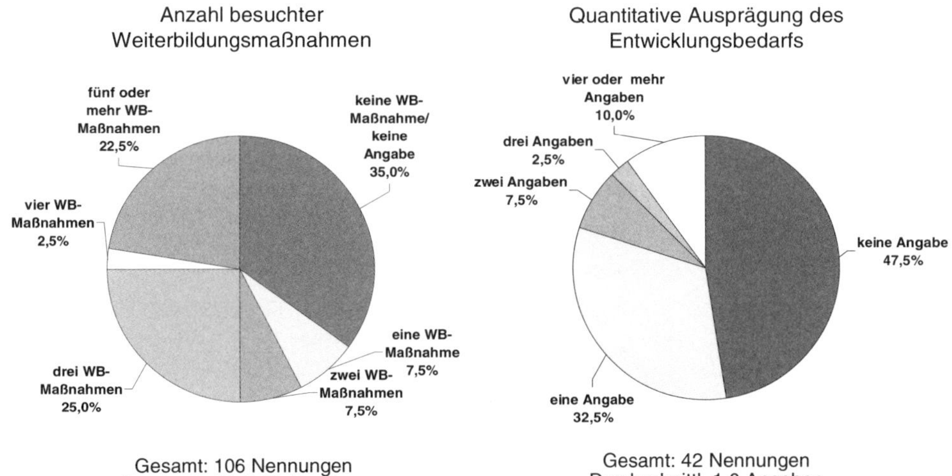

Abbildung 22: Weiterbildungen und Entwicklungsbedarf der Gruppe (n=42)

23 Bezogen auf die durchschnittliche Betriebszugehörigkeit der Gruppe von 13,7 Jahren.

Von großer Aussagekraft sind auch die quantitativen Ausprägungen des Entwicklungsbedarfs: Mit durchschnittlich einer Angabe liegt die Gruppe unter dem Mittelwert gewerblich Beschäftigter. Fast die Hälfte der Befragten (47,5%) benennt keinen Bedarf. Dies macht zum einen deutlich, dass wenig Handlungsdruck erkannt wird. Zum anderen lösen die repetitiven Tätigkeiten kaum Kompetenzentwicklungsbedarf aus, was die Notwendigkeit der Arbeitsplatzgestaltung nach lernförderlichen Kriterien betont.

Durch die handmontageorientierte Fertigung besteht die Personalstruktur weitgehend aus Arbeitskräften mit einer geringen Formalqualifikation. Zu beachten ist das hohe Durchschnittsalter, wobei ein Großteil der Mitarbeiter kaum über Erfahrungen in anderen Unternehmensbereichen verfügt. Daraus resultiert, dass die Mitarbeiter nur an ihren angestammten Arbeitsplätzen tätig sind und Job-Rotation als Bestandteil von Gruppenarbeit nicht oder nur sporadisch praktiziert wird. Begünstigt wird dies zusätzlich dadurch, dass nach Auskunft der Vorgesetzten kaum Zeit für Einarbeitungsprozesse zur Verfügung steht. Um derartige Barrieren zu erfassen, Gestaltungsmöglichkeiten aufzuzeigen und die Sensibilität der Führungskräfte zu erhöhen, werden diese ebenso wie der Betriebsrat gebeten, eine Einschätzung zur Lernförderlichkeit mit dem entsprechenden Fragebogen des LFI-Methodeninventars vorzunehmen. Daneben werden entlang des Produktentstehungsprozesses alle 13 Arbeitsplätze mit dem Lernförderlichkeitsinventar untersucht (vgl. ausführlich Deichmann, 2005). Um den Produktionsbereich ganzheitlich abzubilden, erfolgen die Analysen in drei Schichten (N=35 Beobachtungsinterviews). Während sich keine schichtbezogenen Unterschiede ergeben, zeigen die Einschätzungen der Vorgesetzten und Betriebsräte sowohl Übereinstimungen als auch Abweichungen zu den Beobachtungsinterviews (vgl. Abbildung 23).

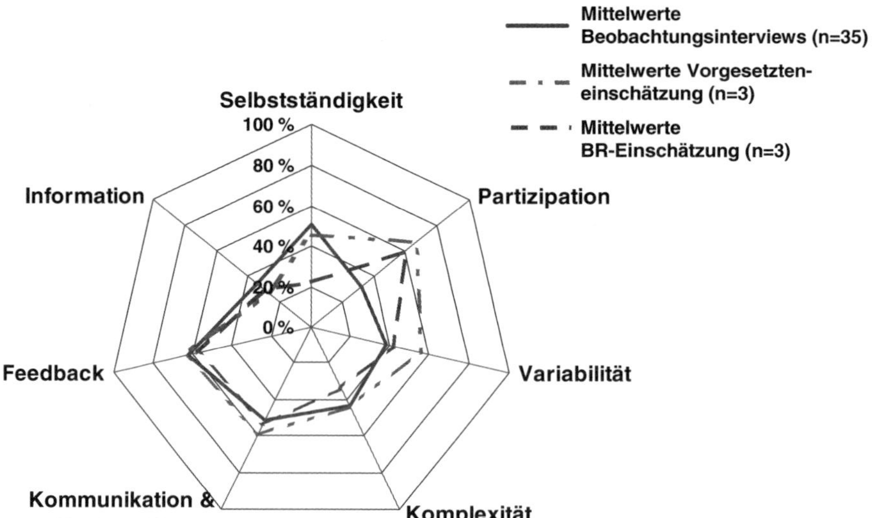

Abbildung 23: Lernförderlichkeit des Arbeitsbereichs aus unterschiedlichen Sichtweisen

Die sich ergebenden Diskussionen sind wesentlich für die Initiierung der notwendigen Veränderungsprozesse. So finden sich in den Skalen Komplexität, Kommunikation/Kooperation, Feedback und Information ähnliche Ausprägungen, Unterschiede zeigen sich vor allem bei der Partizipation sowie bei der Komplexität und Variabilität. Dies stellt kein betriebs- oder gruppenspezifisches Phänomen des untersuchten Bereichs dar, sondern wird in übergreifenden Studien bestätigt (vgl. Abbildung 24).

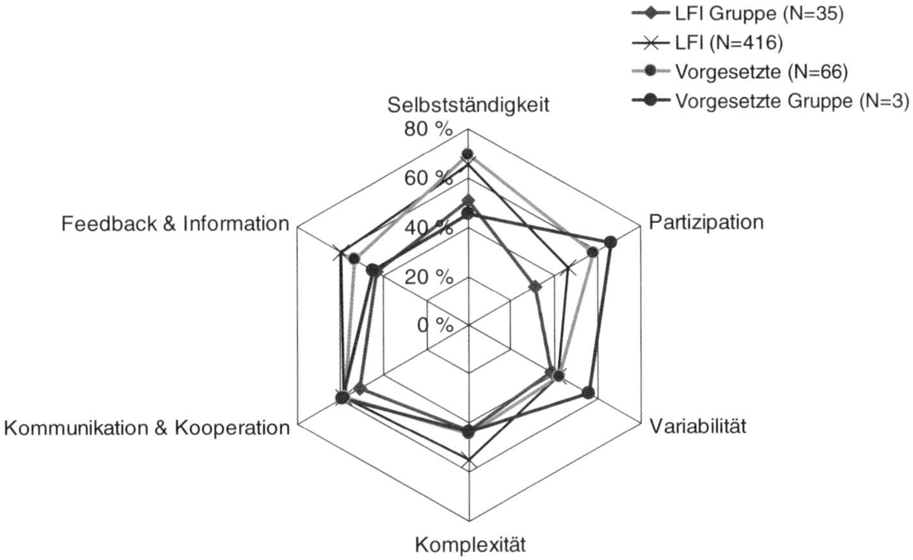

Abbildung 24: Lernförderlichkeitsanalysen im Vergleich zu überbetrieblichen Studien[24]

Die Betrachtung der verschiedenen Perspektiven ist notwendig, um Gestaltungspotenziale zu identifizieren und das Verständnis für die Bedeutung vollständiger Tätigkeiten bei Führungskräften und Mitarbeitern zu erhöhen. Darüber hinaus veranschaulicht Abbildung 25 neben dem Mittelwert über alle 35 Beobachtungsinterviews die Spannweite zwischen minimaler und maximaler Ausprägung der Arbeitsplätze. In den Skalen der Selbstständigkeit, Partizipation, Variabilität und Feedback finden sich Unterschiede, hingegen ist die Spannweite in den anderen Facetten weniger groß.

24 Quelle: IfA, 2005.

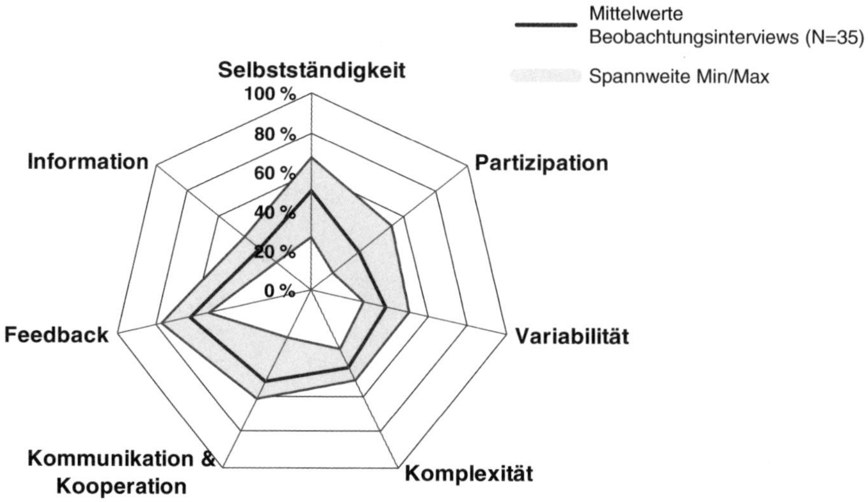

Abbildung 25: Spannweite und Mittelwert der LFI-Beobachtungsinterviews (N=35)

6.3.2 Ableitung von Gestaltungsansätzen

Aufbauend auf den Analyseergebnissen werden Gestaltungsansätze zur Steigerung der Lernförderlichkeit und zur Optimierung des Fertigungsbereichs abgeleitet. In einem ganzheitlichen Ansatz soll auf Verbesserungspotenziale der (arbeits-) organisatorischen Rahmenbedingungen sowie auf einzelne Arbeitsplätze eingegangen werden.

Um die Beschäftigten einzubinden, werden die erhobenen Daten sowie erste Entwicklungsschwerpunkte an alle Gruppenmitglieder zurückgemeldet und gemeinsam diskutiert, um weitere Ideen und Anregungen in die Gestaltungsansätze einzubringen. Die Mitarbeiter äußern den Bedarf nach EDV- und Produktschulungen. Daneben macht eine Analyse des Gruppenarbeitskonzepts deutlich, dass die erfolgskritischen Kennzahlen nicht regelmäßig erfasst werden. Aufgrund der mangelnden Visualisierung können die Mitarbeiter ihre Leistung schwer beurteilen. Dies hemmt die Optimierung der Prozesse und Abläufe, die für eine leistungsfähige Produktion von Bedeutung sind. Daneben werden Abstimmungs- und Kommunikationsprobleme in den Gruppen angesprochen.

Entwicklungsziel	Beschreibung	Priorität	**Umsetzung** durch...
Fachkompetenz			
Arbeitsplatzwechsel	Kenntnis aller Arbeitsplätze und Fertigungsprozesse der Gruppe	sofort	Fachabteilung, Einweisung durch Kollegen
Kennzahlen der Gruppe	z. B. Gutteile- und Ausschussquote, Fehlerzeiten, Zielvereinbarung	sofort	Fachabteilung, Einweisung durch Meister
Produktkenntnisse	Anwendung der Produkte beim Patienten usw.	sofort	Interne Schulung durch Marketing
IT-Kompetenz			
EDV/PC	Info-Terminal bedienen und Standard-Software nutzen		Fachabteilung, Einweisung durch Meister
Sozial-/Selbstkompetenz			
Zusammenarbeit und Information	Schichtübergreifende Informationsweitergabe verbessern	laufender Prozess	Fachabteilung
Übergreifend			
Ergonomische Arbeitsbedingungen	Arbeitsplätze optimieren	laufender Prozess	Fachabteilung, unterstützt vom Personalwesen

Abbildung 26: Maßnahmen zur Gestaltung lernförderlicher Arbeitsplätze (Ausschnitt)

Ein wichtiges Ziel besteht darin, die Einsatzflexibilität und Lernbereitschaft der Mitarbeiter zu erhöhen, die einen kontinuierlichen Arbeitsplatzwechsel als belastend empfinden und ablehnen. Kritisch erscheint, dass geringe Zeitpuffer für Anlernprozesse zur Verfügung stehen. Eine erste Gestaltungsmaßnahme, die von der Projektgruppe angestrebt wird, stellt die konsequente Umsetzung von Job-Rotation dar.

Job-Rotation und Aufgabenerweiterung

Die Analyse des Fertigungsbereichs mittels der LFI-Beobachtungsinterviews zeigt, dass ein Teil der Arbeitsplätze durch sich wiederholende Teilaufgaben und repetitive Tätigkeiten mit gleichförmigen Bewegungsanforderungen geprägt ist. Die genau einzuhaltenden Arbeitsaufträge stellen geringe kognitive Anforderungen an die Stelleninhaber, durch eng begrenzte Teilaufgaben ist der Beitrag des Einzelnen am Produkt schwer erkennbar. Da die Tätigkeit nur ausführende Handlungen enthält, können die Mitarbeiter keine Kompetenzen erwerben. In der Folge nimmt die Fähigkeit und Bereitschaft ab, an neuen Arbeitsplätzen zu arbeiten. Zugleich führt die ständige Wiederholung begrenzter Arbeitsaufgaben zu einseitigen körperlichen Belastungen und zu Zwangshaltungen, die in Verbindung mit einem erhöhten Krankenstand zu sehen sind. Um positive Effekte der Lernförderlichkeit erzielen zu können und die Gruppe zu motivieren, sind die Arbeitsinhalte vielfältiger zu gestalten. Um die notwendige Akzeptanz und Transparenz zu schaffen, wird die Implementierung des Rotationskonzepts von der Gruppe vorgenommen. Die Mitarbeiter sollen sich die Arbeitsinhalte untereinander vermitteln. Bei der Planung neu zu erlernender Tätigkeiten gilt es, den Bedarf der Produktionsleitung zu berücksichtigen, um wirtschaftlichen Gesichtspunkten Rechnung zu tragen und Blindqualifizierung zu vermeiden.

Unterstützung von Job-Rotation durch „Lernförderlichkeitstage"

Zur Einführung des Job-Rotation-Konzepts werden Qualifizierungstage organisiert, die außerhalb des Produktionsbetriebs stattfinden. Dies gibt den Mitarbeitern die Möglichkeit, jenseits des täglichen Leistungsdrucks verschiedene Arbeitsplätze kennen zu lernen und Ängste bezüglich neuer Tätigkeiten abzubauen. Um den Mitarbeitern vertiefende Einblicke in die Anwendung der gefertigten Produkte zu gewähren und die Sensibilität bezüglich kritischer Herstellprozesse zu erhöhen, wird eine Produktschulung integriert. Weiter werden die Kennzahlen der Gruppe erläutert, um deren Bedeutung zu vermitteln. Zudem wird dem Wunsch der Mitarbeiter entsprochen, die Nutzung der EDV-Tools am Info-Terminal zu erlernen. Abbildung 27 zeigt die Inhalte des Schulungskonzepts.

Produkt-schulung	Info-Terminal	Kennzahlen	Job-Rotation
Informationen über die Anwendung und den Nutzen der durch die Gruppe erstellten Produkte	Einführung in den Umgang mit dem Computer sowie in die interne Dokumentation	Entstehung von Kennzahlen und ihre Bedeutung für die Gruppe	Einweisung in verschiedene Bereiche der Fertigung
Mitarbeiter des Marketings	Coach und Prozessbegleiter	Coach und Prozessbegleiter	Erfahrene Kollegen (Arbeitsplatz-Paten)

Abbildung 27: Schulungskonzept der Lernförderlichkeitstage

Verbesserung von Information, Kommunikation und Arbeitsgestaltung

Die Auswertung der LFI-Beobachtungsinterviews ergibt, dass nahezu alle untersuchten Arbeitsplätze Schwachpunkte auf der Skala Information zeigen. In den Diskussionen mit den Beschäftigten wird deutlich, dass sich ein Großteil kritisch über den Informationsfluss und die Qualität der Informationsweitergabe zwischen den Schichtgruppen äußert. Den Hintergrund stellt eine schichtübergreifende „Funktions-Runde" der Gruppensprecher dar, die dem Austausch von Informationen und mit Schnittstellen (z. B. Fertigungssteuerung) dient. Die Ergebnisse sollen in den Gruppengesprächen in komprimierter Form an die Beschäftigten weitergegeben werden. Da kein strukturiertes Sitzungsprotokoll erstellt wird, fehlt es an Transparenz über die Inhalte dieser Besprechungen. Ein Großteil der Beschäftigten gibt an, dass ihnen wichtige Informationen vorenthalten werden. Ebenso werden beschlossene Maßnahmen in den Schichtgruppen durch die fehlende schriftliche Fixierung unterschiedlich interpretiert, woraus Unsicherheiten und Unruhe zwischen den Gruppen resultieren. Um mehr Transparenz in den Informationsfluss zu bringen, wird ein „Gaststuhl“ in der übergreifenden Sitzung eingerichtet. Dieser macht es jeweils einem Mitarbeiter möglich, an der wöchentlichen Besprechung teilzunehmen und das Gespräch mitzuverfolgen. An die Teilnahme sind gewisse Pflichten gebunden, wie etwa die Kommunikation besprochener Themen in der Gruppe sowie die Einforderung des Sitzungsprotokolls, dass künftig erstellt werden soll.

Die Analyse der Altersstruktur des untersuchten Fertigungsbereichs ergibt einen hohen Anteil älterer Mitarbeiter. Prognosen und Statistiken machen deutlich, dass bedingt durch den demografischen Wandel in Unternehmen zukünftig zunehmend ältere Mitarbeiter arbeiten werden. Daher sollte der ergonomischen Gestaltung von Arbeitsplätzen und Produktionsprozessen mehr Bedeutung beigemessen werden. Dies ist auch aufgrund des hohen Krankenstands der Gruppe relevant. Seitens des Unternehmens wird ein Schwerpunkt auf den sukzessiven Ausbau von Video-Arbeitsplätzen gelegt. Durch die Möglichkeit der Prüfung am Bildschirm und höhenverstellbaren Arbeitstischen können die erzwungenen Zwangshaltungen aufgrund der bisher eingesetzten Lupen und den damit einhergehenden Belastungen reduziert werden. Mittel- bis langfristig soll sich eine Reduzierung des Krankenstands ergeben und dieser Effekt durch das Rotations-Programm unterstützt werden.

6.3.3 Evaluation umgesetzter Maßnahmen

Im Verlauf des Kompetenzentwicklungsvorhabens kann festgestellt werden, dass die Gruppenmitglieder durch die Analysen und Diskussionsprozesse zunehmend sensibilisiert werden und den Bedarf nach vertiefenden Kenntnissen an anderen Arbeitsplätzen erkennen. Diese Bereitschaft ist ein entscheidendes Kriterium, da die Anpassung an wechselnde Tätigkeiten im Sinne negativer Beanspruchungsfolgen bislang als belastend empfunden wird und Maßnahmen gegen den Willen der Betroffenen wenig Aussicht auf Erfolg haben. Insbesondere die „Lernförderlichkeitstage“ werden seitens der Leitungsfunktionen des Bereichs, des Personalwesens und der Arbeitnehmervertreter positiv bewertet. Das Engagement der Gruppe gilt als vorbildlich und die Vorgesetzten sind der Ansicht, dass sich der Aufwand gelohnt hat. Hinsichtlich der eingangs beschriebenen Probleme bei der Umsetzung von Job-Rotation und einer angestrebten Erhöhung der Einsatzflexibilität wird konstatiert, dass der Grundstein für die notwendige Veränderungskultur gelegt ist. Unter Effizienzgesichtspunkten gilt es als zielführend, dass die Gestaltungsmaßnahme mehrere inhaltliche Aspekte berücksichtigt. So trägt das Kennenlernen neuer Arbeitsplätze in Verbindung mit einer Produktschulung, der Einweisung am PC und der Erläuterung von Kennzahlen zu einem umfassenden Prozessverständnis bei und unterstützt erste Ansätze einer Veränderungskultur. Um derartige Effekte aus Sicht der Mitarbeiter zu erfassen, wird ein kurzer Fragebogen entwickelt, der auf die betrieblichen Belange und die Zielgruppe zugeschnitten ist. Wichtig ist die Gewährleistung einer leichten Handhabung für die Mitarbeiter, da sie den Fragebogen selbst ausfüllen sollen. Auf mehrstufige Skalen oder komplizierte Fragestellungen wird verzichtet, zumal diese aus Sicht der Unternehmensvertreter keinen Mehrwert bringen. Neben informatorischen und organisatorischen Aspekten soll ermittelt werden, welchen Nutzen die Mitarbeiter in der Veranstaltung sehen, ob sich die Erwartungen erfüllt haben, ob ein Interesse an weiteren besteht und ob sich die Einsatzflexibilität verändert hat.

Um alle Beschäftigten zu erreichen, werden sie gebeten, den Bogen direkt nach der Veranstaltung auszufüllen. Es wird ein Rücklauf von 96% (n=82) erzielt. In allen Fragen ergeben sich positive Ergebnisse, die nachfolgend zusammengefasst sind. Die Informationen im Vorfeld werden als ausreichend und die Gestaltung des organisatorischen Ablaufs als gut erachtet. Positiv bewertet werden die Vermittlung der angestrebten Ziele und die Erfüllung von Erwartungen. Die Erreichung der angestrebten Lerneffekte ist in Abbildung 28 dargestellt. Hinsichtlich der Flexibilität machen 25,6% der Befragten keine Angaben, der überwiegende Anteil der Bewertungen (73,2%) fällt zustimmend aus.

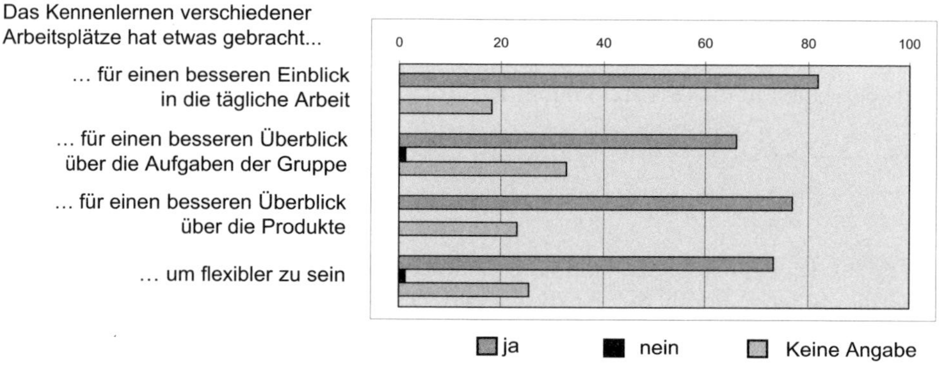

Abbildung 28: Bewertung der Lerneffekte aus Sicht der Mitarbeiter (n=82)

Als bedeutsam gelten die Fragen nach einer Wiederholung der Initiative bzw. der Durchführung weiterer/ähnlicher Veranstaltungen und der Einschätzung der Beschäftigten, künftig an anderen Arbeitsplätzen tätig zu werden (vgl. Abbildung 29). Auch hier ist von einer überwiegenden Zustimmung auszugehen, die sich sowohl auf die Bereitschaft bezieht, an weiteren Lernveranstaltungen mitzuwirken als auch auf den künftigen Einsatz an anderen Arbeitsplätzen.

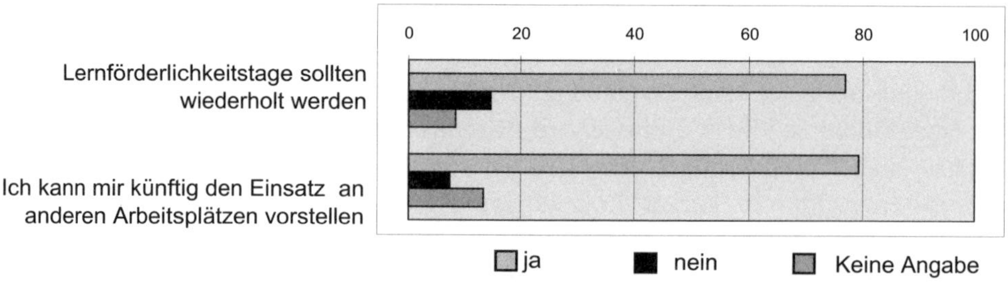

Abbildung 29: Bedarf nach weiteren (Lern-) Veranstaltungen und Bewertung der Einsatzflexibilität aus Sicht der Mitarbeiter (n=82)

Die „Lernförderlichkeitstage“ dienen einer ersten Einführung in die Themen Job-Rotation und Aufgabenerweiterung. Die aus einem kontinuierlichen Arbeitsplatzwechsel resultierende Veränderungsbereitschaft, Selbständigkeit und Qualifikation der Mitarbeiter bietet vielfältige Möglichkeiten, eine bedarfsgerechte Anpassung an sich verändernde Produktionsbedingungen zu gewährleisten. Jedoch können dem erforderlichen Aufwand bislang keine monetären Kennzahlen gegenübergestellt werden. Eine Wirtschaftlichkeitsbetrachtung ist nicht möglich, da es sich um Investitionen handelt, deren Auswirkungen in die Zukunft reichen. So werden durch Veränderungen der Arbeitsplatzgestaltung mittelfristig messbare Effekte bei der Senkung krankheitsbedingter Fehlzeiten erwartet. Ebenso lassen sich Produktivitätskennzahlen und qualitätsrelevante Kennwerte zur Erfolgsbewertung nutzen. Aufgrund der schlechten Datenverfügbarkeit liegen die als Vergleichsgrundlage benötigten Kenngrößen nicht vor. Auch ist zu beachten, dass durch Job-Rotation im beschriebenen Sinne lediglich mehrere gleichartige Arbeitszyklen aneinandergereiht werden, woraus kein qualitativ höheres Anforderungsniveau resultiert. Um kontinuierliches Lernen zu ermöglichen, sollte künftig eine vertikale Aufgabenerweiterung durch dispositive Aufgaben in Betracht gezogen werden.

6.4 Transfer der Ergebnisse

Um die Nachhaltigkeit der Projektergebnisse zu gewährleisten, soll die Vorgehensweise zur systematischen Bedarfsanalyse und Maßnahmenplanung bei der B.Braun Melsungen AG als kontinuierlicher Prozess implementiert werden. Zur Unterstützung des Transfers wird die Vorgehensweise in einem weiteren Betrieb eingesetzt und evaluiert.

6.4.1 Transfer der Vorgehensweise in die Unternehmensstrukturen

Bei der B. Braun Melsungen AG wird die Verknüpfung mit vorhandenen Human-Ressource-Prozessen bzw. Personalentwicklungsinstrumenten gefördert, indem die Führungskräfte bei der Bedarfsanalyse relevante Unterlagen aus Mitarbeitergesprächen, Zielvereinbarungen sowie Qualifizierungsmatrizen und Anforderungsprofilen einbeziehen. Ein innovativer Ansatz ist die konsequente Beteiligung der Mitarbeiter, die sich bei der Definition des Weiterbildungsbedarfs einbringen können und im Rahmen der Entwicklungsphase gemeinsam mit ihren Vorgesetzten an der inhaltlichen Konkretisierung sowie der organisatorischen Umsetzung der Maßnahmen mitwirken. Die notwendige Verbindlichkeit wird durch die Definition eines Zeitrahmens und einer verantwortlichen Person geschaffen.

Um künftig eine einheitliche Personalentwicklungsplanung und Fortschreibung der Bedarfsanalysen zu gewährleisten, wird ein von der Abteilung Management Development entwickeltes Formular zur Qualifizierungsplanung zum Abschluss eines jeden Workshops vorgestellt und erläutert. Das Formblatt sieht mehrere

Spalten vor, in denen mitarbeiterbezogene Maßnahmen, Kosten, zu erreichende Ziele und Verantwortlichkeiten dokumentiert werden (vgl. Abbildung 30). Die Struktur ist an die im Rahmen des Projekts erarbeiteten Kompetenzentwicklungspläne angelehnt. Das Formblatt ist jährlich auszufüllen und an Management Development weiterzuleiten, um die Weiterbildungsaktivitäten gezielter planen zu können und Transparenz über die im Unternehmen laufenden Maßnahmen zu erhalten. Durch die zeitgleich im Rahmen des Integrierten Management-Systems (IMS) erfolgte Zertifizierung von Prozessen der Weiterbildung und Kompetenzentwicklung nach DIN ISO 9001:2002 ist die Planung in den Fachabteilungen einheitlich vorzunehmen und verbindlich zu dokumentieren.

Qualifizierungsplan der Abteilung.. Geschäftsjahr...........

Abteilung	*Name, Vorname*	*Maßnahme (Bezeichnung, Art)*	*Verantwortlich für die Umsetzung*	*Kosten*	*Erfolgskontrolle*
Sachbearbeitung	Hr. Schmidt, Fr. Schneider	Seminar Wirtschaftlichkeitsberechnungen	Bedarfsmeldung an Management Development		Teilnahmezertifikat
Materialeinkauf	Einkauf und alle interessierten Mitarbeiter	SAP-Reporting und Planungsprozesse (Vertiefung)	Einkaufsabteilung erstellt Frageliste, Hr. Müller schult die Inhalte intern		Weitergabe der Kenntnisse an Kollegen
...					

Summe der Qualifizierungskosten der Abteilung in 2005:________ €

Qualifizierungsplan genehmigt durch: ______________________

nach Genehmigung bitte Weiterleitung an Management Development bis zum 31.12. eines Jahres

Abbildung 30: Formular zur Qualifizierungsplanung (Beispiel)

Von großer Bedeutung für die Nachhaltigkeit der Vorgehensweise ist es, dass neben den Führungskräften auch die Betriebsräte das Vorhaben als Multiplikatoren unterstützen. Für das Betriebsratsgremium wird ein Workshop veranstaltet, der ausführlich über Qualifizierungsplanung im Allgemeinen sowie über die im Vorhaben entwickelten Werkzeuge und Konzepte zur Kompetenzentwicklung im Speziellen informiert. In einem nächsten Schritt wird die Arbeit mit den Werkzeugen trainiert, um die Teilnehmer bei einem eigenständigen Einsatz zu unterstützen. Betriebsräte sollten die Qualifizierungsberatung zu wichtigen Themen im Rahmen ihrer Aufgaben der Mitarbeitervertretung machen.

Weiterhin dient eine individuelle Anpassung der Instrumente dem Umsetzungserfolg. So werden die Befragungsinstrumente zielgruppenspezifisch gestaltet (schriftliche Fragebögen für administrative Mitarbeiter, Interviews für Beschäftigte in der Produktion, elektronische Fragebögen für Mitarbeiter des Außendiensts und der IT-Abteilung). Darüber hinaus werden im Unternehmen etablierte Kommunikationsformen und -wege (Gruppengespräche, Unternehmenszeitung, Betriebsversammlungen etc.) genutzt.

6.4.2 Transfer der erarbeiteten Konzepte am Beispiel eines mittelständischen Unternehmens

Da der Transfer der Ergebnisse als Projektziel definiert ist, werden gezielte Überlegungen zu einer generalisierbaren Struktur des Vorhabens von Anfang an einbezogen. Die abteilungsweise (bzw. auf vergleichbare Organisationseinheiten bezogene) Vorgehensweise lässt sich leicht auf die Strukturen anderer Betriebe übertragen und zwar unabhängig von deren Größe. Durch die Einbeziehung der betrieblichen Akteursgruppen und unternehmensinternen Kommunikationsformen findet eine Anpassung an betriebliche Strukturen bereits durch die Implementierung einer entsprechenden Projektgruppe statt, darüber hinaus bieten die im Projekt entwickelten Instrumente anpassbare Einsatzmöglichkeiten (z. B. als Interview, Fragebogen usw.).

Um weitere Unternehmen der Branche auf das Projekt aufmerksam zu machen, nutzt die WBS ihre Verbindungen zu den Chemieverbänden bzw. -betrieben. Für eine erfolgreiche Ansprache ist vor allem der sozialpartnerschaftliche Ansatz hervorzuheben, der einen Zugang in die Unternehmen „von beiden Seiten" ermöglicht. Neben dem Einsatz elektronischer und Print-Medien ist die Organisation von Bildungsveranstaltungen ein geeignetes Medium, das Projekt bekannt zu machen.

Nachfolgend soll am Beispiel eines weiteren Unternehmens der chemischen Industrie mit ca. 260 Beschäftigten gezeigt werden, dass die Methodik zur Erarbeitung von Kompetenzentwicklungskonzepten auch in kleineren bzw. mittelständischen Betrieben erfolgreich einsetzbar ist. In dem Betrieb werden Kunststoffteile für die Automobilindustrie herstellt. Die Vorgehensweise wird in vier Produktionsabteilungen und einem Logistikbereich angewendet, in denen 210 gewerbliche Mitarbeiter in Gruppenarbeit organisiert sind. Die Zielgruppe besteht zu ca. 70% aus an- und ungelernten Kräften, administrative Mitarbeiter werden nicht einbezogen. Die Kooperation basiert auf einer Betriebsvereinbarung zur Qualifizierung und zur Sicherung des Standortes, in der systematische Entwicklungsmaßnahmen für die Beschäftigten beschlossen werden.

In der Informationsphase finden ca. 25 einstündige Veranstaltungen (Aufwand für 210 gewerbliche Mitarbeiter und 10 Führungskräfte) statt. An der Analyse nehmen 68,0% (N=143) der gewerblichen Mitarbeiter sowie Führungskräfte unterschiedlicher Hierarchieebenen (N=10) teil. Die Entwicklungsphase umfasst 5 moderierte Workshops, anschließend liegt die Umsetzung der erarbeiteten Konzepte im Verantwortungsbereich des Unternehmens. Die Evaluationsphase nach ca. 8 Monaten beinhaltet die Erhebung des Umsetzungsstands und des Nutzens aus Sicht der Führungskräfte (n=5). Wesentliche Ergebnisse werden anschließend kurz dargestellt.

Die Analyse der Kompetenzentwicklung zeigt, dass die Personalstrukturen im gewerblichen Bereich weitgehend aus An- und Ungelernten bestehen. Befragt man die Mitarbeiter nach ihrem Entwicklungsbedarf, liegt dieser im Schnitt unter einer Nennung (0,79)[25] und bezieht sich neben fachlichen Maßnahmen (36,0%) auf den Ausbau der IT-Kompetenz (24,3%). Daneben wird die Methodenkompetenz (13,5%) benannt, die Kategorie Sonstiges beinhaltet Maßnahmen zur Verbesserungen der Arbeitsbedingungen (21,6%). Im Vergleich beziehen sich die bisher besuchten Weiterbildungen hauptsächlich auf fachliche Maßnahmen (66,7%) wie etwa Arbeitssicherheit, die tendenziell nicht als Kompetenzentwicklung im hier verstandenen Sinn gelten können. Der Ausbau von Sozial- und Selbstkompetenz (10,9%) betrifft nur Gruppensprecher und ausgewählte Facharbeiter. Interessant ist, dass sich der Bedarf von der bisherigen Weiterbildung deutlich unterscheidet und künftig andere Facetten im Vordergrund stehen (vgl. Abbildung 31).

Interessant ist die Verschiebung von der Fach- zur IT-Kompetenz. Jedoch lässt sich aus den Ergebnissen ableiten, dass die Tätigkeiten keinen wesentlichen Entwicklungsbedarf auslösen oder die Beschäftigten diesen nicht selbstorganisiert definieren können. Hingegen zeigen die Interviews mit den Führungskräften, dass vielfältige Anforderungen bestehen. Die Vorgesetzten erwarten vor allem den Ausbau von Fach-, Methoden-, Sozial- und Selbstkompetenzen. Anteilsmäßig gering wird IT-Kompetenz benannt, Fremdsprachenkompetenz erscheint kaum bedeutsam.

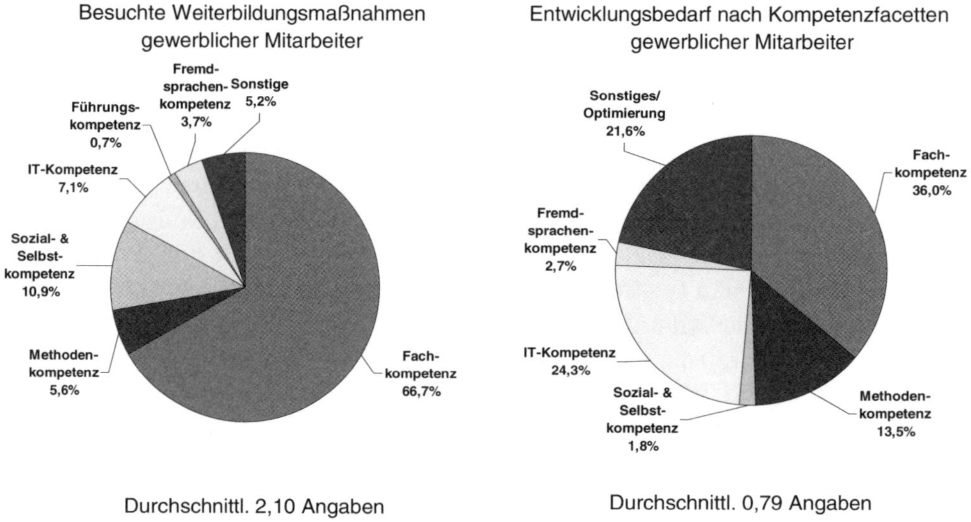

Abbildung 31: Besuchte Weiterbildung und Entwicklungsbedarf der Mitarbeiter (N=143)

In der Entwicklungsphase wird deutlich, dass der Ausbau von fachlicher Kompetenz im Vordergrund steht und 38,1% der Maßnahmen umfasst. Weitere Schwerpunkte liegen auf der Methoden-, Sozial- und Selbstkompetenz. Der Anteil von Maß-

25 Fast die Hälfte der Befragten (45,4%) macht keine Angaben.

nahmen zur IT-Kompetenz ist relativ gering, da der EDV-Einsatz in der Produktion erst mittelfristig ausgebaut wird. Darüber hinaus zeigt die Evaluation einen Umsetzungsstand von 27,1% der Maßnahmen, 5,9% sind zum Befragungszeitpunkt in Bearbeitung (vgl. Abbildung 32). Die Aktivitäten beziehen sich vorwiegend auf fachliche Themen (35,9%) sowie auf Maßnahmen zur IT- (23,1%) und Methodenkompetenz (17,9%).

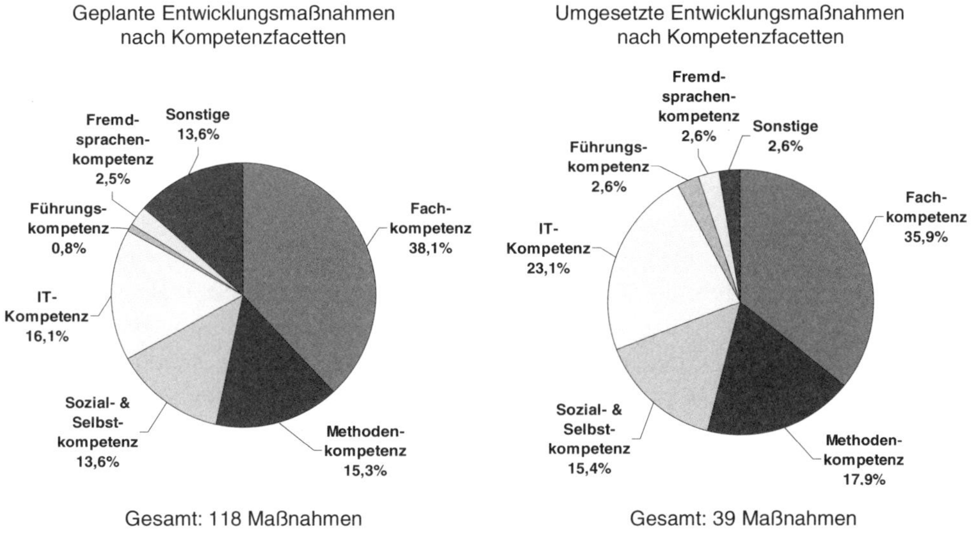

Abbildung 32: Geplante / umgesetzte Entwicklungsmaßnahmen für gewerbliche Zielgruppen

Inwieweit der Umsetzungsstand als positiv anzusehen ist, kann nicht abschließend beurteilt werden, da keine Vergleichswerte (z. B. umgesetzte Maßnahmen vor dem Projekt / für einen vergleichbaren Zeitraum) vorliegen. Die Ergebnisse werden von den Personalverantwortlichen und Führungskräften sehr positiv bewertet, da systematische Bedarfsanalysen und darauf basierende Kompetenzentwicklungsprozesse in gewerblichen Bereichen bislang vernachlässigt wurden und insofern von einer deutlichen Verbesserung auszugehen ist.

Abgeleitet aus den umfangreichen Erfahrungen und Ergebnissen, die in Kooperation mit dem Praxispartner B. Braun Melsungen AG gesammelt werden konnten, sollen im Folgenden detaillierte Befunde zur Kompetenzentwicklung dargestellt werden. Diese werden unter Berücksichtigung der eingangs formulierten Fragestellungen zusammengefasst und geben einen Einblick in relevante Kennzahlen der betrieblichen Personalentwicklung bei verschiedenen Tätigkeits- und Altersgruppen.

6.5 Diskussion der Forschungsfragen

Die Veränderungen und Anforderungen der Arbeitswelt, die sich in den empirischen Untersuchungen im Rahmen des Projekts widerspiegeln, erfordern eine kontinuierliche Anpassung der Beschäftigten an dynamische Rahmenbedingungen. Aufgrund der demografischen Entwicklung in Verbindung mit Standortsicherungsverträgen oder Betriebsvereinbarungen, die nicht nur in den beteiligten Unternehmen bestehen, ist künftig verstärkt auf vorhandene Personalstrukturen zurückzugreifen, die durch innovative Entwicklungskonzepte zu fördern sind.

Unter Berücksichtigung der in Abschnitt 2.4 aufgeworfenen Fragestellungen finden sich in den vorherigen Abschnitten praktische Beispiele, die aufzeigen, wie betriebliche Kompetenzentwicklungsprozesse in Zusammenarbeit der Sozialpartner gestaltet, umgesetzt und evaluiert werden können. Eine wesentliche Grundlage ist in einer partizipativen Vorgehensweise zu sehen, die alle beteiligten Organisationsmitglieder möglichst gleichberechtigt einbezieht. Hierfür sind organisatorische Strukturen zu schaffen, die Kommunikations- bzw. Informationsprozesse auslösen und die notwendige Integration von Personal- sowie Organisationsentwicklung unterstützen. Ebenso werden systematische Analysemethoden benötigt, die die Sichtweisen von Führungskräften *und* Mitarbeitern berücksichtigen und die partizipative Erarbeitung von Maßnahmen ermöglichen. Um eine Verankerung des Kompetenzentwicklungsansatzes in der Praxis zu fördern, muss ein Nutzen aus der Vorgehensweise und den Maßnahmen resultieren. Dies bedingt, dass Vorgesetzte Aufgaben der Personal- und Organisationsentwicklung als Bestandteil ihrer Führungstätigkeit auffassen und nachhaltig umsetzen. Zugleich sind die Beschäftigten aufgefordert, aktiv mitzuwirken. Diese Punkte stehen nachfolgend im Fokus, bevor tätigkeits- und altersspezifische Befunde zur Kompetenzentwicklung diskutiert werden.

6.5.1 Schaffung geeigneter organisatorischer und informatorischer Strukturen

Die Implementierung des Kompetenzentwicklungsansatzes sollte als Beteiligungsprozess konzipiert werden, in den alle Organisationsmitglieder eingebunden sind und in dessen Verlauf die Beschäftigten als Mitgestalter gefordert und gefördert werden (vgl. Frevel, 2000). Hierfür ist es vorteilhaft, eine Projektgruppe zu initiieren, die sich (neben externen Projektpartnern) aus Vertretern des Personalwesens und des Betriebsrats der Unternehmen zusammensetzt, ergänzt um Führungskräfte und Mitarbeiter der Fachbereiche. Durch die sozialpartnerschaftliche Besetzung des Gremiums können alle Akteure ihre Sichtweisen und Kompetenzen partizipativ einbringen.

Die Einbindung der Sozialpartner bzw. des Betriebsrats ist nicht nur von Bedeutung, wenn eingesetzte Analyseinstrumente mitbestimmungspflichtig sind. Betriebsräte fungieren als „Türöffner“ zu den Fachbereichen (z. B. bei den Beschäftigten) ebenso wie die Personalleitung (z. B. bei den Führungskräften). Zugleich soll die organisatorische Struktur das Schnittstellenproblem aufgreifen, das aus unterschiedlichen Zuständigkeiten für Personal- und Organisationsentwicklung resultiert. In größeren Betrieben findet sich in der Regel eine zentrale Personalentwicklung, während die Organisationsentwicklung in den Zuständigkeitsbereich der Fachabteilungen fällt. Somit gilt es, die erforderliche Kooperation zwischen Personalwesen bzw. Personalentwicklungsabteilung sowie Produktion und Arbeitsplanung zu unterstützen (vgl. Frieling, 2005). In diesem Zusammenhang ist die Schaffung einer Kommunikationsplattform zum regelmäßigen Informationsaustausch ein wichtiges Element. Bei einer intensiven Information der Organisationsmitglieder können eine höhere Beteiligung und effizientere Analyseergebnisse erzielt werden. Dies bezieht sich auf Mitarbeiter *und* Führungskräfte. Letztere verantworten das Ausmaß der Partizipation während der Projektphasen und die Umsetzung geplanter Maßnahmen, daher ist deren Akzeptanz als zentral anzusehen. Insgesamt sind Strukturen zu schaffen oder weiter zu entwickeln (z. B. Nutzung von Gruppengesprächen in gewerblichen Bereichen), die regelmäßige Diskussionen über Veränderungen, daraus resultierende Anforderungen, angemessene Gestaltungs- bzw. Weiterbildungs- und Entwicklungsmaßnahmen ermöglichen.

Um den Kompetenzentwicklungsansatz zu vermitteln, sind die Besonderheiten von Kompetenzentwicklung und Lernen im Prozess der Arbeit in angemessener Form hervorzuheben. Da Definitionen und Erläuterungen schnell als abstrakt empfunden werden, sollte eine verständliche und zielgruppengerechte Sprache gewählt werden. Es muss z. B. deutlich gemacht werden, dass Kompetenz mehr ist als durch Berufsabschluss oder Zusatzausbildung erworbene Qualifikation und sich auf Kenntnisse, Fähigkeiten, Erfahrungen usw. bezieht. So werden Beschäftigte erreicht, deren Potenzial eher im Erfahrungswissen als in einer hohen Formalqualifikation liegt. Für Lernen im Prozess der Arbeit ist der Nutzen hervorzuheben, der z. B. in einer Verbesserung der Arbeitsbedingungen, einer erhöhten Partizipation oder der Sicherung der Beschäftigungsfähigkeit liegt. Problematisch ist, dass bei gewerblichen Mitarbeitern in der Regel weniger Möglichkeiten bestehen, auf deren Belange individuell einzugehen. Die selbstorganisierte Bedarfsdefinition ist in diesen Fällen zu unterstützen, worauf im folgenden Abschnitt eingegangen wird.

6.5.2 Verwendung systematischer Methoden

Im Rahmen des Forschungsprojekts werden drei Analyseverfahren eingesetzt. Das vorrangige Ziel besteht darin, den Kompetenzentwicklungsbedarf aus verschiedenen Perspektiven (z. B. aus Sicht von Mitarbeitern und Vorgesetzten bzw. tätigkeits- oder arbeitsplatzbezogen) zu ermitteln, um Kompetenzentwicklungsmaßnahmen zu erarbeiten.[26] Ein Vergleich der eingesetzten Bedarfs-, Tätigkeits- und Arbeitsplatz-

26 Die erhobenen berufsbiografischen Mitarbeiterdaten können zur Entwicklung von Kompetenzdatenbanken bzw. -modellen bzw. zur Erweiterung von Qualifikationsmatrizen genutzt werden.

analyen ist nicht möglich, da jeweils von anderen Voraussetzungen und Zielen auszugehen ist und die Methoden verschiedene Nutzenpotenziale bieten. Wesentlich erscheint eine beteiligungsorientierte Anwendung der Verfahren, da sich die Vorteile sonst nicht voll entfalten können. Wie sich zeigt, lässt sich die größte Effizienz erzielen, wenn die Analysen ein strukturiertes Vorgehen erzwingen und kontinuierliche Austauschsprozesse zwischen den Beteiligten auslösen. Dies erhöht den Druck, sich mit einer systematischen Entwicklungsplanung auseinander zu setzen. Darüber hinaus sollen die Methoden bei der Konkretisierung des Entwicklungsbedarfs bzw. der Anforderungen unterstützen.

Hierfür dokumentieren die Mitarbeiter im Rahmen der Bedarfsanalyse ihre Berufsbiografie, um auf dieser Basis den Entwicklungsbedarf abzuleiten, der in die Maßnahmengestaltung einfließt. Wie der Pretest bzw. die praktische Anwendung des Befragungsleitfadens zeigt, ist eine reine Fragebogenaktion nicht bei allen Zielgruppen sinnvoll. Je geringer das Tätigkeitsniveau und je länger die Verweildauer an eher monotonen Arbeitsplätzen ist, desto schwieriger wird die (selbstorganisierte) Bedarfsdefinition. Nicht zuletzt, weil die Arbeitsaufgaben keine wesentlichen Lern- und Kompetenzentwicklungsprozesse erfordern. Neben der in Abschnitt 6.3 angesprochenen Vorgehensweise zur Analyse und Gestaltung lernförderlicher Arbeitsplätze besteht eine weitere Möglichkeit darin, die Mitarbeiter bei der Bedarfsdefinition zu unterstützen. Die oben (vgl. Abschnitt 4.3) diskutierten reflexiven bzw. biografischen Verfahren heben den Nutzen kommunikativer Prozesse zur Förderung der Selbstorganisationsfähigkeit und zur Ableitung von Entwicklungserfordernissen hervor. In diesem Zusammenhang zeigt Abbildung 33, dass in persönlichen Gesprächen oder Interviews durchschnittlich 2,3 Entwicklungsbedarfe seitens der Mitarbeiter generiert werden, während sich bei selbst ausgefüllten Leitfäden 1,4 Nennungen finden. Hier ist der Anteil von Befragten, die keine Angaben machen, deut-

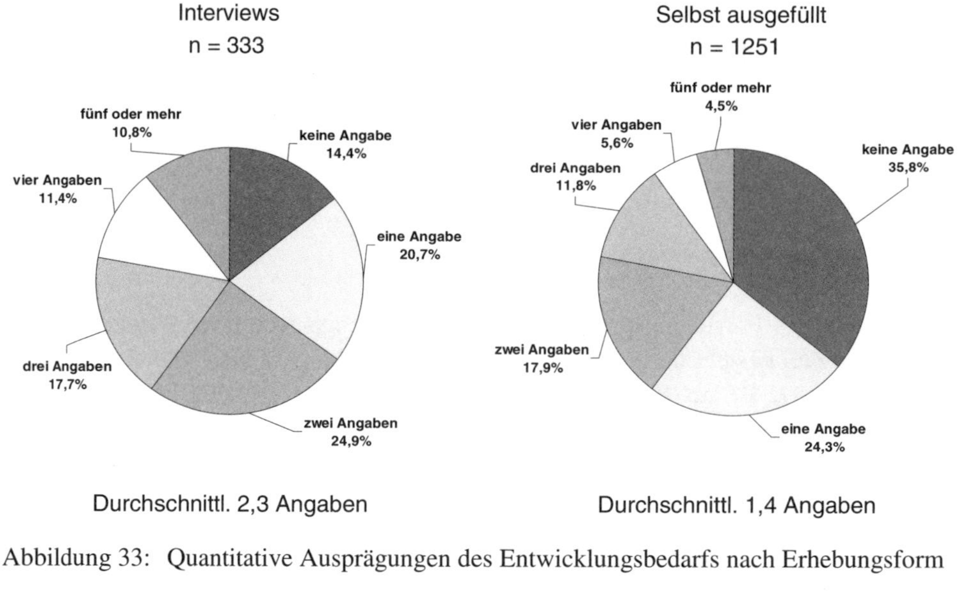

Abbildung 33: Quantitative Ausprägungen des Entwicklungsbedarfs nach Erhebungsform

lich höher (35,8% vs. 14,4%). In den meisten Fällen wird ein Entwicklungsbedarf formuliert, ebenso finden sich weniger Mitarbeiter, die zwei bis fünf Angaben machen. Dieser Anteil lässt sich durch Interviews ausweiten: Knapp 40% der Befragten formulieren drei oder mehr Bildungsbedarfe, da in den Gesprächen anstehende Veränderungen und auftretende Entwicklungserfordernisse aufgezeigt bzw. diskutiert werden können.

Um die Kompetenzentwicklungsmaßnahmen an den Zielen des Unternehmens auszurichten, werden Veränderungen der Organisationseinheiten und Anforderungen an die Beschäftigten aus Sicht der Führungskräfte erfasst. Dies erfolgt mittels eines standardisierten Interviewleitfadens zur Bedarfsanalyse, der positiv aufgenommen wird und bei der B. Braun Melsungen AG als Instrument zur Personalentwicklung weiter verwendet werden soll. Strukturierte Ergebnisse lassen sich insbesondere dann erzielen, wenn eine Verknüpfung mit vorhandenen Planungsunterlagen erfolgt. Ein Problem besteht darin, dass einige Führungskräfte es als kritisch empfinden, Ziele und Veränderungen offen zu schildern oder ggf. keine genaue Bereichsplanung vorliegt. Die Beantwortung der Frage, wohin sich ein Bereich oder eine Abteilung in den nächsten Jahren entwickeln soll (und muss), stellt in der Praxis oft ein Problem dar, bildet aber die Voraussetzung für gezielte Personal- und Organisationsentwicklungsaktivitäten (vgl. Frieling, 2005; Bruns & Ridder, 2002). Daher sind bei der Operationalisierung von Fachkompetenzen insbesondere Teiltätigkeitslisten zielführend, die eine strukturierte Ableitung von Anforderungen unterstützen und in Form von Soll- bzw. Tätigkeitsbildern bündeln. Dies gilt bei vorhandenen sowie geplanten Arbeitsprozessen, bei einer strategischen (Neu-) Ausrichtung auf Kernkompetenzen oder zur Klärung von Schnittstellen innerhalb und über Abteilungen hinweg (vgl. ausführlich Frieling & Grote, 2000). Positiv erweist sich die Mitwirkung der Mitarbeiter an der Bedarfsanalyse, da deren Angaben zum Entwicklungsbedarf eine wichtige Ergänzung zur Sicht der Vorgesetzten darstellen. Zu berücksichtigen sind mögliche Abweichungen der Entwicklungsschwerpunkte zwischen den Vorgesetzten und Beschäftigten, die in gemeinsamen Abstimmungsprozessen hinsichtlich ihrer Ursachen zu klären und aneinander anzugleichen sind. Dies kann nur durch einen beteiligungsorientierten Ansatz gewährleistet werden.

6.5.3 Maßnahmen zur Unterstützung der Nachhaltigkeit

Die Planung abteilungs- oder gruppenspezifischer Weiterbildungsmaßnahmen und Gestaltungsansätze zum Lernen im Prozess der Arbeit auf Basis der Analyseergebnisse findet in sozialpartnerschaftlich besetzten Workshops unter Mitwirkung von Personalwesen, Betriebsrat und Mitgliedern der Fachabteilungen statt. Es erweist sich als zielführend, wenn die Diskussionen von externen (objektiven) Moderatoren begleitet werden, denn die Berücksichtigung der Mitarbeiter und ihrer Interessen ist nicht nur unter motivationalen Aspekten relevant. Vielmehr soll die Zusammenführung von Entwicklungsschwerpunkten eine enge Ausrichtung am betrieblichen Bedarf gewährleisten. In diesem Zusammenhang zeigt Abbildung 34 exemplarisch für gewerbliche Bereiche, wie die Sichtweisen von Mitarbeitern und Führungskräften angeglichen werden können. Der Konsens lässt sich beispielsweise an der IT-Kompetenz veranschaulichen: Während die Vorgesetzten (n=25) einen eher geringen Bedarf sehen (13,9%) und 41,0% der gewerblichen Mitarbeiter (n=1.006) den Ausbau dieser Facette fordern, belaufen sich die Maßnahmen anteilsmäßig auf 22,8%. Daneben erlangen Methoden-, Sozial- und Selbstkompetenz einen größeren Stellenwert als ursprünglich von den Mitarbeitern erkannt wird.

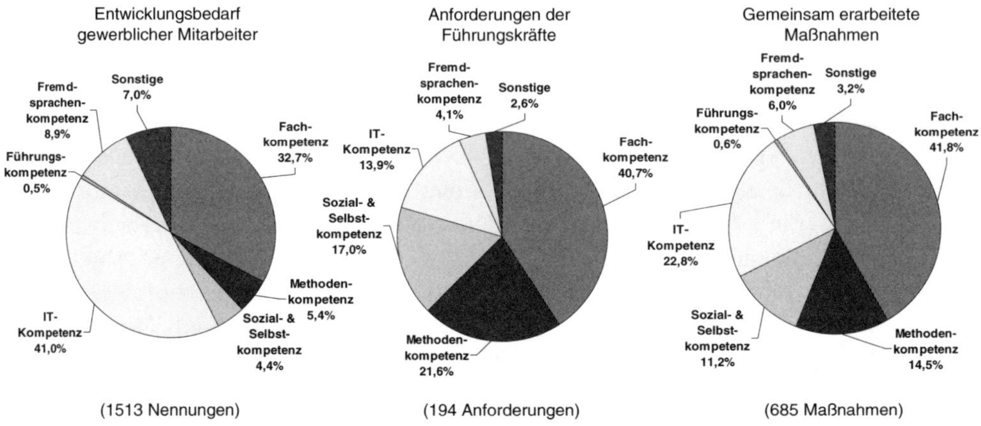

Abbildung 34: Partizipative Erarbeitung von Entwicklungsmaßnahmen für gewerbliche Zielgruppen (Ausschnitt)

Ein weiterer Vorteil der Diskussionen oder Workshops liegt darin, dass diese selbst als Lern- und Entwicklungsprozesse anzusehen sind, in denen die Beteiligten aktiv und kreativ als Problemlöser an der Unternehmensentwicklung mitwirken. In einer lernenden Organisation gelten Teams als elementare Lerneinheiten, denen unter Einbeziehung früherer Erfahrungen die effektive und interaktionsorientierte Auseinandersetzung mit situativen Veränderungen und Anforderungen zu ermöglichen ist (vgl. Bungard & Comelli, 1995; Senge, 1996). Nicht zuletzt stellen Kommunikation und Kooperation wesentliche Dimensionen einer lernförderlichen Arbeitsgestaltung dar, so dass die Workshops unter diesem Aspekt zielführend sind. Dabei bringen Führungskräfte und Mitarbeiter ebenso wie Personalmanagement und Betriebsräte spezifisches Know-How zur Entwicklung bedarfsgerechter Maßnahmen ein und übernehmen unterschiedliche Aufgaben bei der Umsetzung. Eine Vielzahl der Maßnahmen ist arbeitsplatznah in den Fachabteilungen zu organisieren. Aus diesem Grund ist eine konsequente Beteiligung der Mitarbeiter notwendig, die sich nicht nur auf einen einmaligen Workshop mit ausgewählten Teilnehmern beziehen kann. Personalmanagement und Betriebsräte sowie Führungskräfte und Mitarbeiter müssen einen Beitrag zur Fortsetzung und Ausweitung der Aktivitäten leisten. Insgesamt ist das Verständnis weiter zu fördern, dass sich die Effektivität und Effizienz der Maßnahmen erhöht, wenn an betrieblichen Problemsituationen angesetzt wird und eine Verbindung von Mitarbeiter- und Vorgesetzteninteressen erfolgt. So lassen sich die Maßnahmen am Bedarf ausrichten und ergeben sich aus Zielen der Organisationseinheiten sowie deren Mitglieder.

Die Einstellung der direkten Vorgesetzten, ihre Mitarbeiter durch geeignete Personal- und Organisationsentwicklungsmaßnahmen zu fördern und an der Gestaltung zu beteiligen, ist auch aufgrund der Problematik einer Nutzenbewertung relevant. Demzufolge verweisen verschiedene Autoren (vgl. z. B. Landsberg, 1995; Hummel, 2001) darauf, dass im Bereich der Weiterbildungsevaluation oder des Bildungscontrollings neben quantitativen verstärkt qualitative Aspekte zu berücksichtigen sind. Diese beziehen sich im Rahmen der im Projekt durchgeführten Evaluation (vgl. Abschnitt 6.2.5) z. B. auf einen erhöhten Stellenwert von Weiterbildung, die effektivere Kommunikation und verbesserte Reflexion zu Themen der Kompetenzentwicklung, eine strukturierte Vorgehensweise, gezielte Diskussionen, gesteigerte Motivation der Beteiligten oder ein optimiertes Angebot an Personalentwicklungsmaßnahmen. Jedoch scheint der Ansatz insbesondere in (produktiven) Bereichen mit hohem Standardisierungs- und Reglementierungsgrad bzw. bei gleich bleibenden Arbeitstätigkeiten und -bedingungen weniger bedeutsam. Wie bereits Abbildung 16 verdeutlicht, messen die Vorgesetzten dem Nutzen der Vorgehensweise eine unterschiedliche Bedeutung bei. Auch werden die Erwartungen der Mitarbeiter (z. B. garantierte Teilnahme an einer Weiterbildungsmaßnahme), die aus einer erhöhten Partizipation oder der verbindlichen Dokumentation von Entwicklungsmaßnahmen resultieren, zum Teil als problematisch angesehen. Die Führungskräfte geraten in die Pflicht, die Umsetzung aktiv anzugehen. Ein gewisser Druck erwächst daher aus den angekündigten Evaluationsgesprächen, so dass gezielte Nachfassaktionen die Nachhaltigkeit fördern können. Weitere Ansatzpunkte sind in der Ausbildung betrieblicher Multiplikatoren zu sehen, da Ansprechpartner vor Ort gebraucht werden. Gefordert sind Betriebsräte, die nach dem Betriebsverfassungsgesetz die Ermittlung des Bildungsbedarfs verlangen können und Mitbestimmungsrechte im Bereich der Weiterbildung haben. Daneben kommen Prozessbegleiter, Gruppenkoordinatoren und/ oder Vertrauensleute in Frage, die entsprechend zu schulen sind. Insgesamt zeigen die Ergebnisse, dass die Notwendigkeit zur Kompetenzentwicklung für alle Mitarbeitergruppen gilt (vgl. Weiß, 2002a). Dabei ist zum einen das Tätigkeitsniveau bedeutsam (vgl. z. B. Frieling, Bernard, Bigalk & Müller, 2006; Bergmann, 1998), zum anderen sind vor dem Hintergrund des demografischen Wandels altersbezogene Analysen von Interesse. Hiermit beschäftigen sich die weiteren Ausführungen.

6.5.4 Tätigkeitsdifferenzierte Betrachtung der betrieblichen Kompetenzentwicklung

Die Mitarbeiter der B. Braun Melsungen AG, die sich im Rahmen der Bedarfserhebung beteiligt haben, werden in Tätigkeitsgruppen geclustert, um ausgewählte Analyseergebnisse zu diskutieren und miteinander zu vergleichen. Diese beziehen sich auf Lernformen, Kenntnisse, besuchte Weiterbildungen sowie Entwicklungsbedarf und -ziele der Mitarbeiter.

Die Einteilung in Tätigkeitsgruppen orientiert sich an der Erhebung des Berichtssystems Weiterbildung (2005, S. 35f.) und bezieht sich auf An- und Ungelernte, Facharbeiter, Angestellte sowie qualifizierte/leitende Angestellte. Tabelle 9 verdeutlicht, dass An-/Ungelernte in der Stichprobe am stärksten vertreten sind und die längste Betriebszugehörigkeit aufweisen. Bei Fachkräften ist das Durchschnittsalter niedriger als bei den anderen Tätigkeitsgruppen, hingegen haben qualifizierte Angestellte das höchste Alter und sind in dieser Stichprobe weniger repräsentiert. Die Geschlechterverteilung zeigt einen geringen Anteil weiblicher Kräfte in der Gruppe der Facharbeiter (ca. 8%) und der qualifizierten Angestellten (ca. 17%), während das Verhältnis bei An-/Ungelernten und Angestellten relativ ausgewogen ist.

Tabelle 9: Beschreibung der untersuchten Tätigkeitsgruppen

	An-/ Ungelernte	Facharbeiter	Angestellte	Qual./leitende Angestellte
Stichprobe (n)	588	403	522	186
ø Alter (Jahre)	41,1	35,5	38,0	41,4
ø Betriebszugehörigkeit (Jahre)	14,2	12,4	12,2	12,6

Hinsichtlich der Lernformen (vgl. Abbildung 36) ergeben sich bei den Beschäftigungsgruppen deutliche Differenzen. So wird die Berufsausbildung vor allem von Facharbeitern als wesentlich angesehen und ist für An-/Ungelernte erwartungsgemäß weniger bedeutsam. Selbstorganisiertes Lernen wird von Facharbeitern am häufigsten benannt, gefolgt von An-/Ungelernten und qualifizierten Angestellten. Das Lernen von Kollegen spielt für An- und Ungelernte eine wichtige Rolle, ebenso für Facharbeiter und Angestellte. Während das Lernen durch Vorgesetzte von An-/ Ungelernten fast im gleichen Maße genutzt wird wie von qualifizierten/leitenden Angestellten und für Facharbeiter weniger relevant ist, spielen die Erfahrungen aus der täglichen Arbeit für alle Tätigkeitsgruppen eine wichtige Rolle. Am häufigsten wird dies von Facharbeitern sowie von An- und Ungelernten benannt. Das Bild wendet sich bei formalen Lernformen, die von administrativen Mitarbeitern stärker genutzt werden. An- und Ungelernte fallen bei formalen Bildungsaktivitäten zurück, während Facharbeiter die private Bildung (z. B. Meisterlehrgang) anführen. Analog wird mediales Lernen von (qualifizierten/leitenden) Angestellten verwendet und von den Gewerblichen fast gar nicht benannt.[27]

27 Die Ergebnisse zeigen Übereinstimmungen zu einer Studie von Baethge & Baethge-Kinsky (2002), nach der informelles Lernen als wesentlicher Lernkontext gilt. Die Kategorien selbstorganisiertes Lernen und Erfahrungen aus täglicher Arbeit verweisen auf diese Lernformen, die von An-/Ungelernten und Fachkräften am häufigsten genutzt werden. Generell ist das Lernen in der Arbeitsituation, z. B. durch Vorgesetzte und Kollegen, besonders bedeutsam (vgl. auch Weiß, 2001).

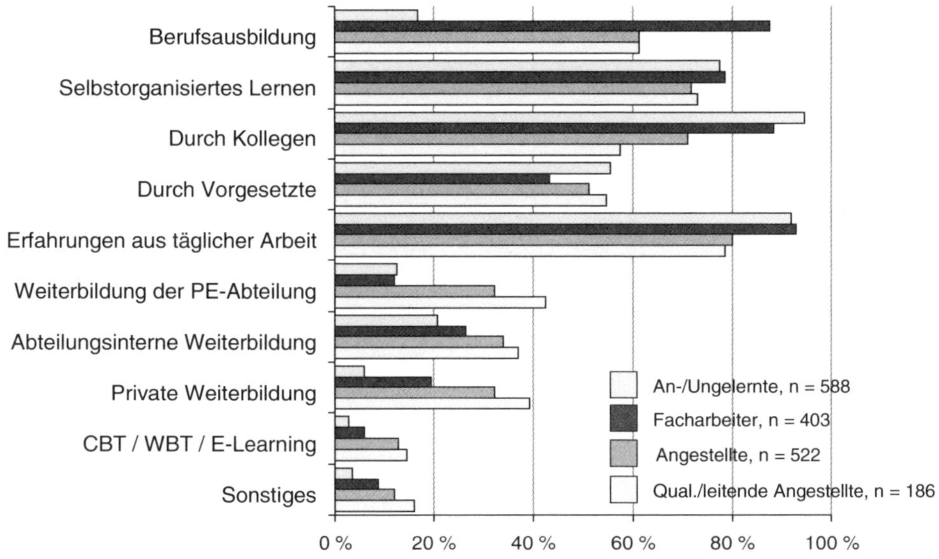

Abbildung 35: Lernformen nach Tätigkeitsgruppen

Weitere Unterschiede zeigen sich bei den aus Mitarbeitersicht vorhandenen Kenntnissen (vgl. Abbildung 36). Während bei gewerblichen Zielgruppen die Fachkompetenz im Vordergrund steht, findet sich bei administrativen Mitarbeitern ein differenzierteres Bild. Insbesondere bei den qualifizierten Angestellten rangieren Sozial- und Selbstkompetenzen noch vor den Fachkompetenzen. Methodische Kompetenzen erlangen ebenfalls einen höheren Stellenwert als bei gewerblichen Mitarbeitern.

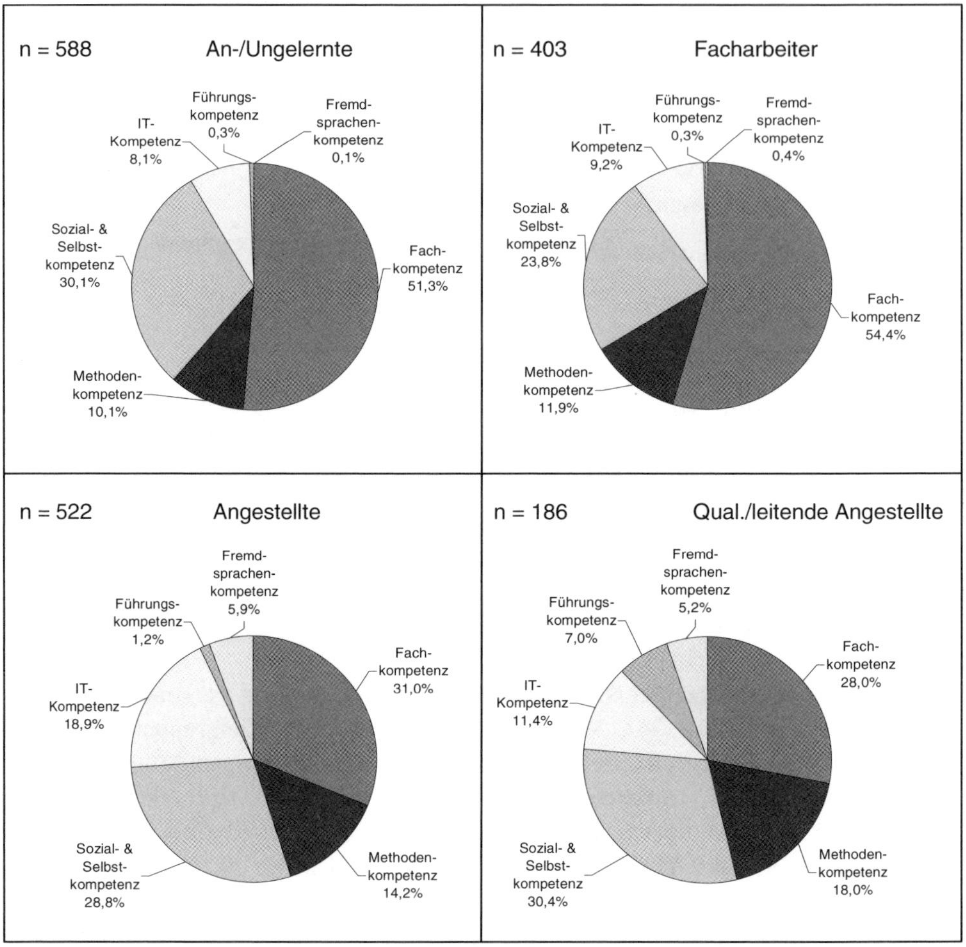

Abbildung 36: Vorhandene Kenntnisse der Mitarbeiter nach Tätigkeitsgruppen

Bei der Betrachtung der bisherigen Personalentwicklung finden sich sowohl quantitative als auch qualitative Unterschiede. Letztere werden im Berichtssystem Weiterbildung IX (2005, S. 35) in Bezug auf berufliche Weiterbildung dargestellt, wobei gewisse Entsprechungen zur betrieblichen Praxis vorliegen. So erhöht sich mit steigendem Tätigkeitsniveau die Anzahl besuchter Weiterbildungen, zugleich nimmt der Anteil derer ab, die nicht an Weiterbildung teilgenommen haben. Dieser liegt in gewerblichen Bereichen bei ca. einem Viertel. Hingegen geben nur 14,2% der Angestellten und 8,1% der qualifizierten Angestellten an, keine betrieblichen Bildungsmaßnahmen absolviert zu haben. Bei An- und Ungelernten sowie Facharbeitern liegt der Schwerpunkt auf fachlichen Qualifizierungen. Angestellte nehmen am häufigsten an IT-Schulungen teil. Das vielfältigste Bild findet sich bei qualifizierten Angestellten, hier sind vor allem die Facetten Sozial-, Selbst- und Führungskompetenz stärker belegt als bei allen anderen Gruppen (vgl. Abbildung 37).

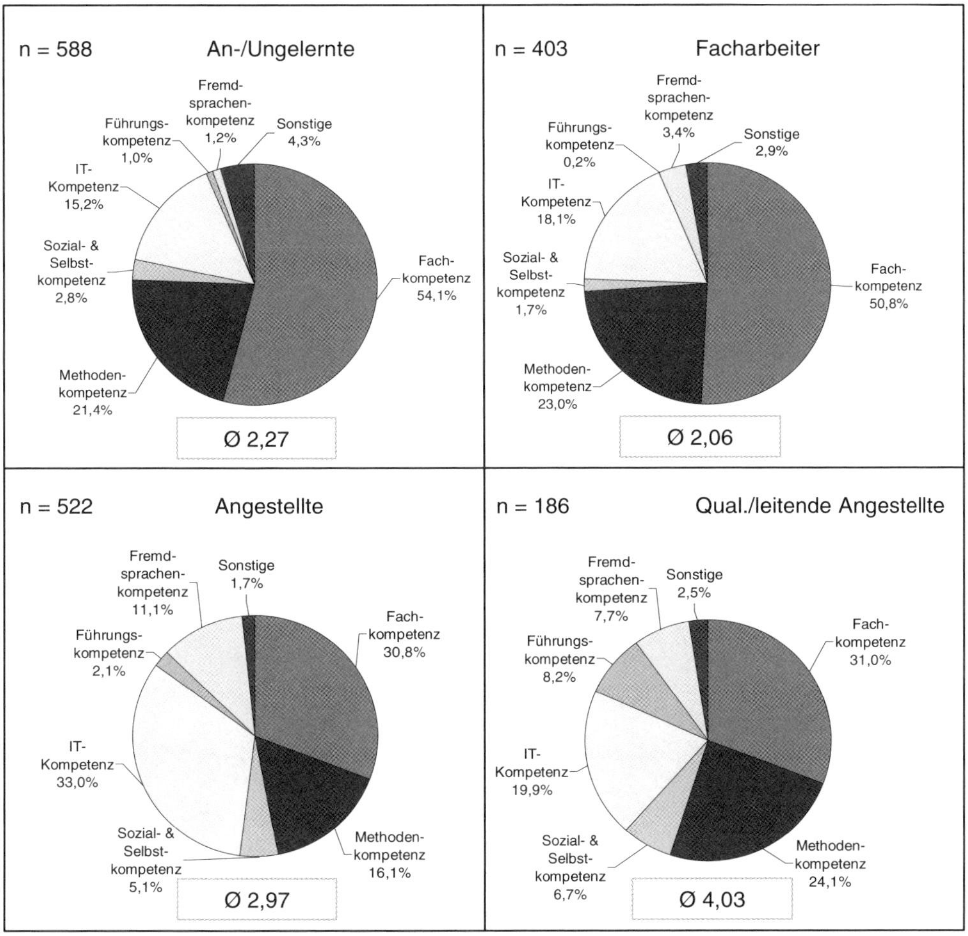

Abbildung 37: Besuchte Weiterbildung nach Tätigkeitsgruppen

Die Betrachtung des Kompetenzentwicklungsbedarfs (vgl. Abbildung 38) zeigt, dass mit zunehmendem Tätigkeitsniveau die durchschnittliche Anzahl von Angaben steigt, ebenso nimmt die Variabilität der Kompetenzfacetten zu.

Während An-/Ungelernte vorwiegend Maßnahmen zum Ausbau der IT-Kompetenz fordern und im Weiteren nur die Fachkompetenz bedeutsam erscheint, ist der Bedarf nach Fach- und IT-Kompetenz bei Facharbeitern weitgehend ausgeglichen. Allerdings erlangen die weiteren Facetten bei beiden Zielgruppen eine eher geringe Bedeutung. Bei Angestellten dominiert die IT-Kompetenz, und der Ausbau von Fach-, Fremdsprachen- und Methodenkompetenz wird gefordert. Die Angaben der qualifizierten/leitenden Angestellten sind am vielfältigsten. Bedingt durch die Tätigkeiten wird zusätzlich die Facette Führungskompetenz angeführt. Obwohl Fremdsprachen tendenziell in administrativen Bereichen stärker benötigt werden, zeigt sich bei gewerblichen Gruppen ein wachsender Bedarf. Die Kennzahlen machen deutlich, dass die quantitativen Nennungen zum Entwicklungsbedarf zwischen den Be-

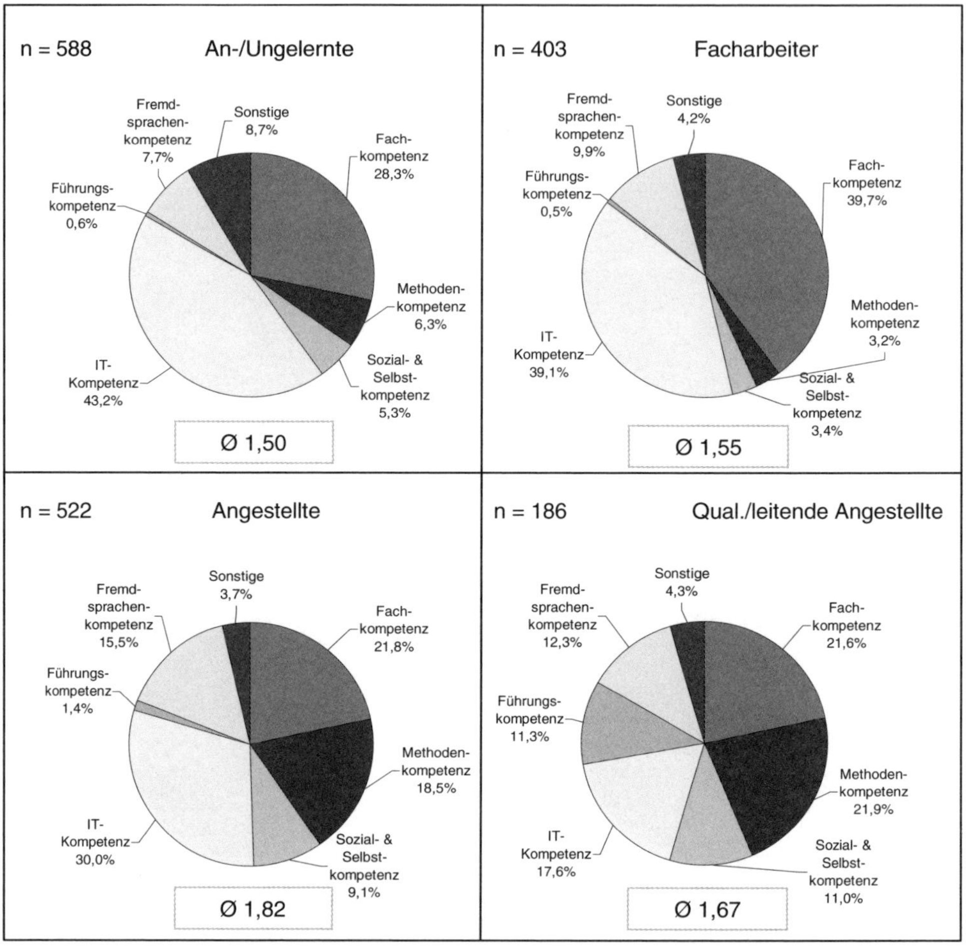

Abbildung 38: Entwicklungsbedarf aus Sicht der Mitarbeiter nach Tätigkeitsklassen

schäftigungsgruppen voneinander abweichen. Während An- und Ungelernte durchschnittlich 1,50 und Facharbeiter 1,55 Nennungen generieren, fordern Angestellte 1,82 Maßnahmen. Der Mittelwert sinkt bei qualifizierten Angestellten leicht auf 1,67, was darin begründet liegen kann, dass diese Tätigkeitsgruppe die höchste Teilnahme an Weiterbildung aufweist und in andere Entwicklungsprogramme eingebunden ist, die nicht von dem Projekt *make it* begleitet werden. Interessant ist, dass mit steigendem Tätigkeitsniveau der Bedarf nach fachlichen Maßnahmen abnimmt und in den Facetten Methoden-, Sozial- und Selbstkompetenz steigt, so dass der Entwicklungsbedarf von An- und Ungelernten weniger variabel ist als bei den anderen Zielgruppen.

Ein weiterer, wichtiger Parameter sind die beruflichen Entwicklungsmöglichkeiten. Anhand der vorliegenden Daten wird deutlich, dass An- und Ungelernte nur wenige Angaben zu ihren Entwicklungszielen machen. Dies bezieht sich nicht nur auf den Durchschnittswert, vielmehr bleibt die Frage bei etwa der Hälfte (51,0%) der Befragten offen. Im Vergleich steigen die Mittelwerte bei den anderen Tätigkeitsgruppen an, in Verbindung damit sinkt der Anteil von Mitarbeitern, die keine Angaben machen. Da (selbstorganisierte) Kompetenzentwicklung auch auf der Motivation beruht, persönliche bzw. berufliche Ziele zu erreichen (vgl. Bergmann, 2000), Perspektiven zu haben und sich mit den Tätigkeiten zu identifizieren, sollte das Ergebnis zum Handeln auffordern. Baethge & Baethge-Kinsky (2002) zeigen in ihrer Studie einen Zusammenhang zwischen betrieblichen Entwicklungsmöglichkeiten und Antizipation, verstanden als die Sicherung der eigenen Beschäftigungsfähigkeit. Geringe Entwicklungsmöglichkeiten führen zu einem niedrigen Antizipationsniveau, auch wird eine Verbindung zur Lernaktivität berichtet (vgl. ausführlich Baethge & Baethge-Kinsky, 2002, S. 128f.). Laut den vorliegenden Analysen zeichnet sich dennoch ein steigender Entwicklungs- bzw. Bildungsbedarf ab. Aus Sicht der administrativen Mitarbeiter werden IT-, Fach- und Methodenkompetenzen gefordert, die Fremdsprachenkompetenz erlangt eine wachsende Bedeutung. In gewerblichen Bereichen verschieben sich die Entwicklungsschwerpunkte von der Fach- zur IT-Kompetenz. Nicht zuletzt sollte beachtet werden, dass der Umgang mit Veränderungen, neuen Arbeitsformen oder -strukturen zu lernen ist, so dass vor allem für gering-qualifizierte Mitarbeiter umfangreiche Anpassungsprozesse erforderlich sind. Allerdings werden spezifische Maßnahmen unter Berücksichtigung des Ausgangsniveaus für z. B. An- und Ungelernte bislang noch eher selten umgesetzt.

6.5.5 Alterdifferenzierte Betrachtung der betrieblichen Kompetenzentwicklung bei gewerblichen und administrativen Mitarbeitern

Es ist bekannt, dass sich die Bevölkerungszahl verringern und eine demographische Alterung der Gesellschaft einsetzen wird (Birg, 2001). Diese „doppelte Dimension des demographischen Wandels“ (Hof, 2001, S. 30) hat Auswirkungen auf die Arbeitswelt, die sich in einem abnehmenden und älter werdenden Arbeitskräftepotenzial äußert. Somit rückt die demographische Entwicklung verstärkt in den Fokus der betrieblichen Personalentwicklung. In diesem Zusammenhang sollen die empirischen Ergebnisse der Bildungsbedarfsanalyse aufzeigen, wie Beschäftigte unterschiedlicher Alterskategorien ihre Weiterbildung und Kompetenzentwicklung einschätzen. Die Gruppierung der Altersklassen orientiert sich an gängigen Systemen und betrachtet die Gruppe der unter 30-Jährigen, der Mitarbeiter zwischen 31 und 40 Jahren sowie der 41 bis 50-Jährigen und schließlich die Gruppe der über 50-Jährigen.

1) Gewerbliche Mitarbeiter

Bezogen auf die Frage nach wichtigen, vorhandenen Kenntnissen, die am Arbeitsplatz benötigt werden, weichen die Ergebnisse einer altersdifferenzierten Auswertung nicht wesentlich voneinander ab (vgl. Abbildung 39). Die meistbenannte Facette ist die Fachkompetenz, d. h. die direkt dem Aufgabenfeld zuzuordnenden Kenntnisse. Vergleichsweise stark ausgeprägt zeigen sich die Nennungen im

Bereich der Selbst- und Sozialkompetenz: In allen Altergruppen ist dies die Kategorie, die nach der Fachkompetenz am häufigsten benannt wird. Die Kategorien Methoden- und IT-Kompetenz folgen und weichen innerhalb der betrachteten Gruppen nicht wesentlich voneinander ab. Verhältnismäßig gering vertreten sind Nennungen zur Führungskompetenz, wohl auch, weil diese Zielgruppe eher im Rahmen der Bedarfsanalyse aus Sicht der Führungskräfte teilgenommen hat. Interessant ist, dass Mitarbeiter unter 30 Jahre diesbezüglich gar keine Angaben gemacht haben. Ebenso finden sich keine Nennungen, die der Fremdsprachenkompetenz zuzuordnen sind.

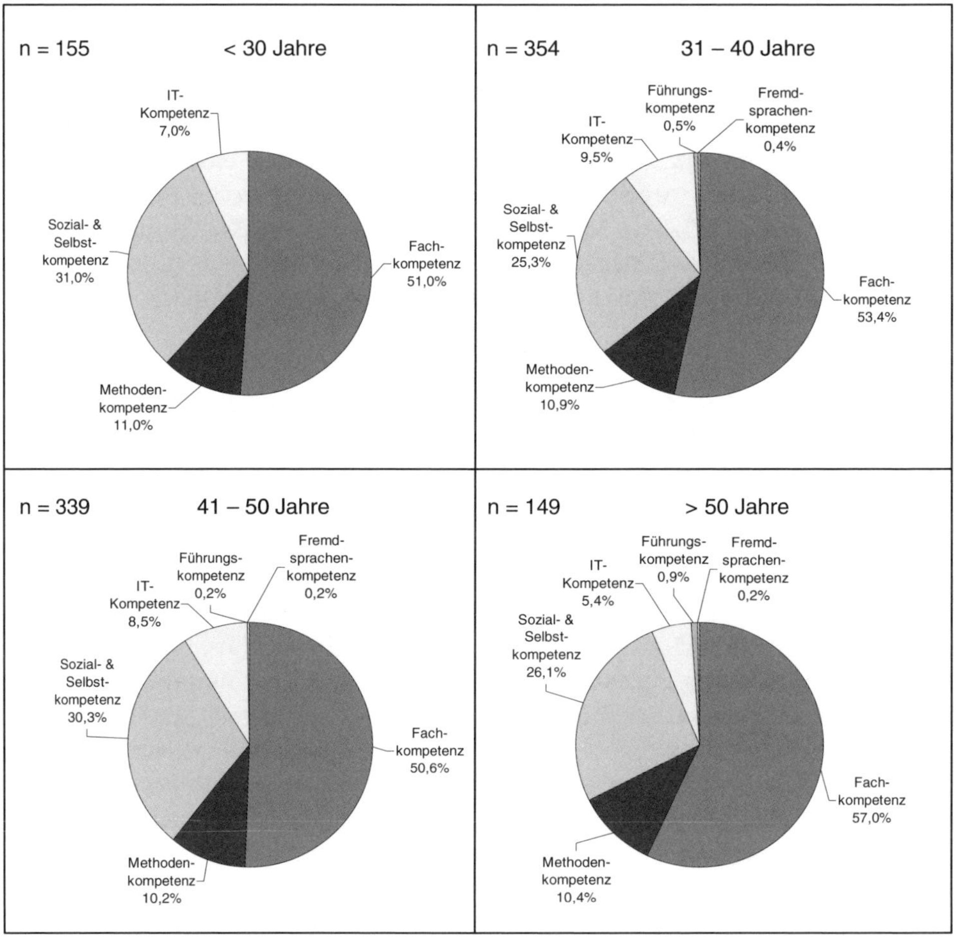

Abbildung 39: Vorhandene Kenntnisse gewerblicher Mitarbeiter verschiedener Altersgruppen

Die besuchten Weiterbildungen (vgl. Abbildung 40) betreffen vorwiegend fachliche Themen neben methodischen Aspekten und den Ausbau der IT-Kompetenz. In den Bereich der Methodenkompetenz fallen Schulungen zur Gruppenarbeit, zum KVP-Prozess und zum Beheben von Störungen an Anlagen. IT-Schulungen beziehen sich hauptsächlich auf spezielle Betriebssoftware. Jedoch findet sich im Gegensatz zu den relativ stark ausgeprägten vorhandenen Kenntnissen, die der Sozial- und Selbstkompetenz zuzuordnen sind (vgl. Abbildung 39), kein entsprechender Niederschlag in den besuchten Weiterbildungsmaßnahmen. Dies lässt darauf schließen, dass derartige Kenntnisse eher durch andere Lernformen angeeignet werden als in formalen Qualifizierungsmaßnahmen.

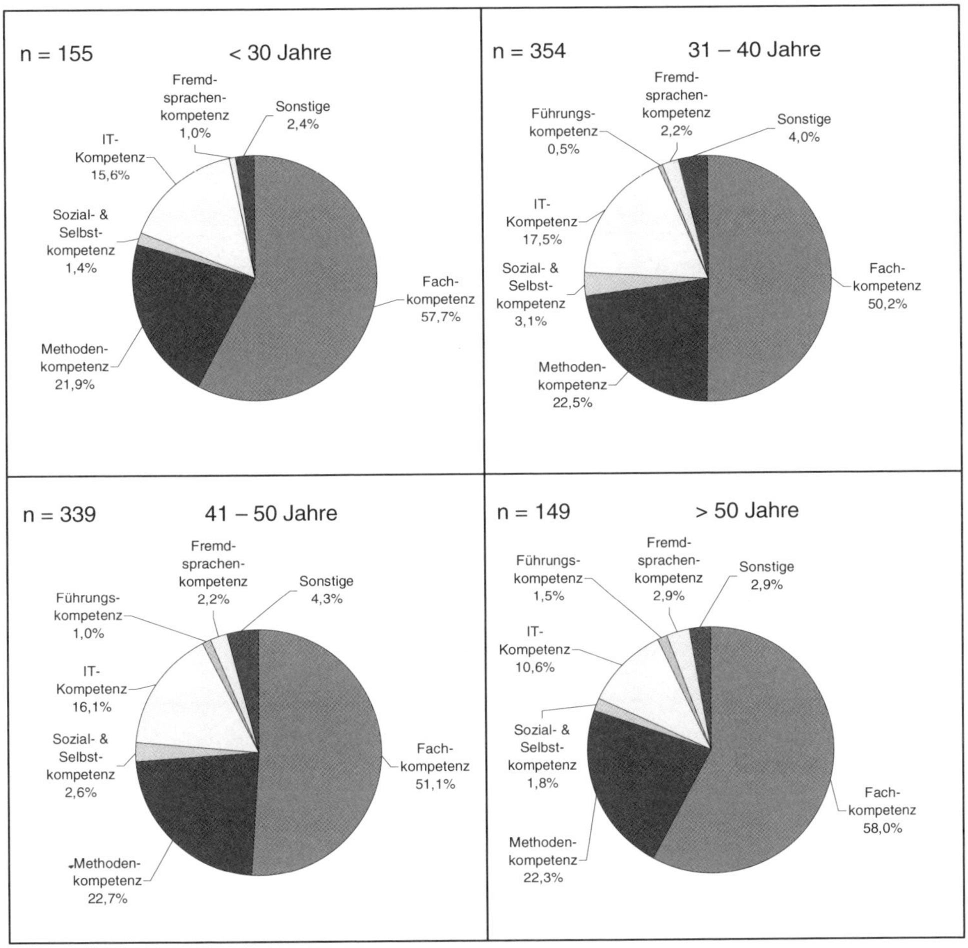

Abbildung 40: Besuchte Weiterbildung gewerblicher Mitarbeiter verschiedener Altersgruppen

Wird der Kompetenzentwicklungsbedarf betrachtet (vgl. Abbildung 41), beziehen sich die aus Sicht der gewerblichen Mitarbeiter erforderlichen Maßnahmen hauptsächlich auf den Bereich der IT-Kompetenz. Erwartungsgemäß finden sich vermehrt Maßnahmen zum Ausbau der Fachkompetenz – mit 41,1% formulieren vor allem die jüngeren Mitarbeiter im Vergleich zu den Älteren (31,6%) einen deutlich höheren Bedarf.

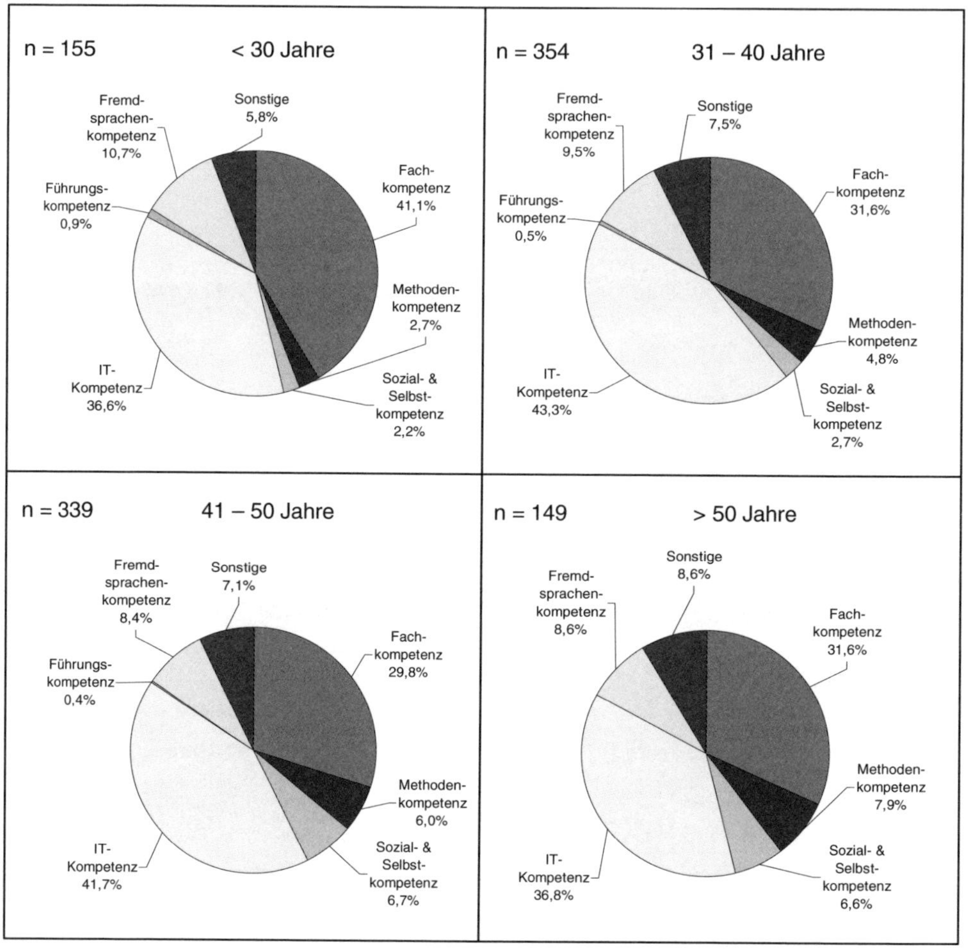

Abbildung 41: Entwicklungsbedarf aus Sicht gewerblicher Mitarbeiter verschiedener Altersgruppen

2) Administrative Mitarbeiter

Die Mitarbeiter im administrativen Bereich unterscheiden sich bezogen auf die Angaben ihrer vorhandenen Kenntnisse zur Bewältigung der täglichen Arbeit im Vergleich zu gewerblichen Gruppen hauptsächlich darin, dass die Fachkompetenz weniger stark ausgeprägt ist. Die Effekte über verschiedene Alterskategorien lassen sich dadurch beschreiben, dass mit steigendem Alter die Kenntnisse im Bereich der Fachkompetenz höher ausgeprägt sind (vgl. Abbildung 42).

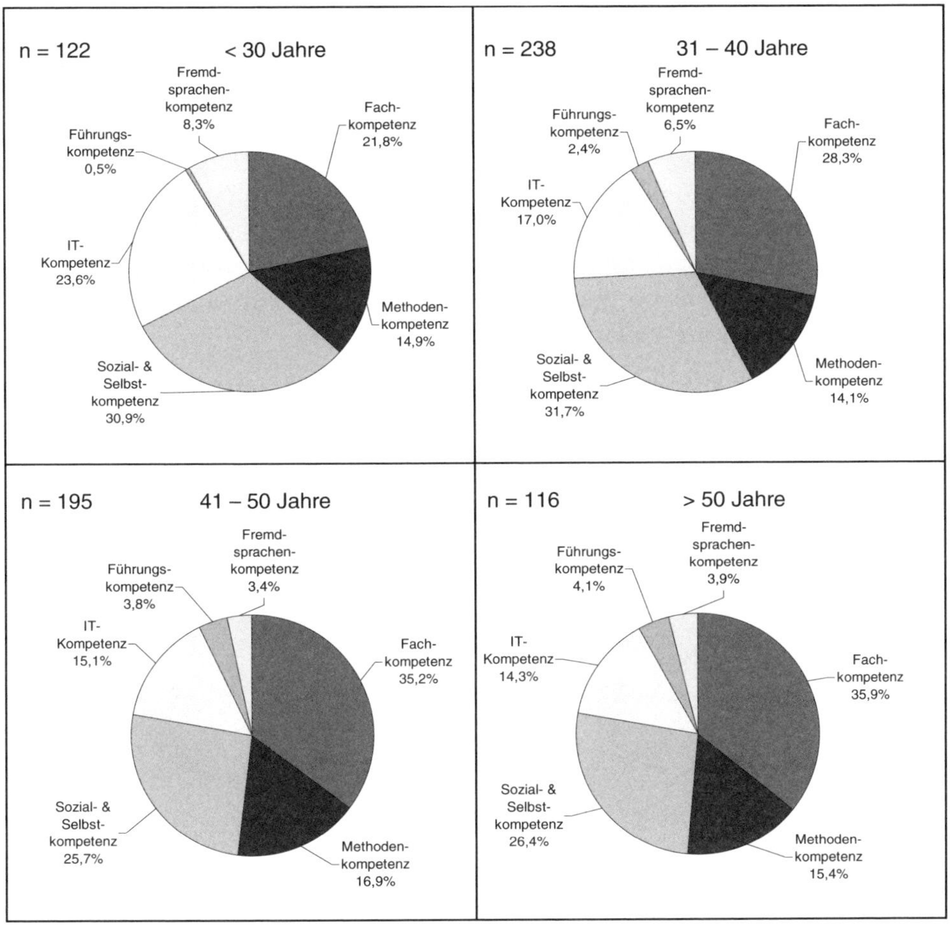

Abbildung 42: Vorhandene Kenntnisse administrativer Mitarbeiter verschiedener Altersgruppen

Wie sich zeigt, werden die fachlichen Kompetenzen mit zunehmendem Alter häufiger aufgeführt. Mitarbeiter unter dreißig Jahre benennen zu 21,8 % diese Kompetenzfacette, vielfach finden sich Kompetenzen aus dem Bereich der Informationstechnologie (23,6%). Mit 30,9% ist die Sozial- und Selbstkompetenz die wichtigste Kategorie für diese Gruppe. Innerhalb der Gruppe der 31-40jährigen Mitarbeiter ist ebenfalls die Sozial- und Selbstkompetenz mit 31,8% die am stärksten ausgeprägte Kategorie. Die Fachkompetenz wird hier mit 28,4% an zweiter Stelle benannt. Die Gruppe der 41-50jährigen Mitarbeiter benennt die Fachkompetenz (35,2%) als wichtigsten Bereich. Hier umfassen Nennungen zur Sozial- und Selbstkompetenz nur 25,7%. Die IT-Kompetenz hat einen Anteil von 15,1% der Nennungen und sinkt in der Altersgruppe der über 50jährigen auf 14,3%. Diese Gruppe stuft die Fachkompetenz mit 35,9% am wichtigsten ein. Interessant ist, dass die Methodenkompetenz über alle Altersgruppen weitgehend gleich vertreten ist. Hingegen ist die Führungskompetenz erwartungsgemäß bei den älteren Mitarbeitern stärker ausgeprägt ist als bei den Jüngeren. Darüber hinaus finden sich in diesem Bereich mehr Nennungen als bei den gewerblichen Mitarbeitergruppen.

Hinsichtlich der besuchten Weiterbildungsmaßnahmen (vgl. Abbildung 43) finden sich bei administrativen Mitarbeitern verschiedener Altersgruppen verstärkt Maßnahmen im Bereich der Fach- und IT-Kompetenz. Ebenfalls benannt sind Themen zur Methodenkompetenz. Im administrativen Bereich fallen hierunter überwiegend Schulungen wie Präsentations- und Moderationstechniken, Zeitmanagement oder Arbeitsorganisation. Die jüngeren Mitarbeiter (unter 30 Jahre) absolvieren mehr Maßahmen zum Ausbau der Fremdsprachenkompetenz als die Beschäftigten der anderen Altersgruppen.

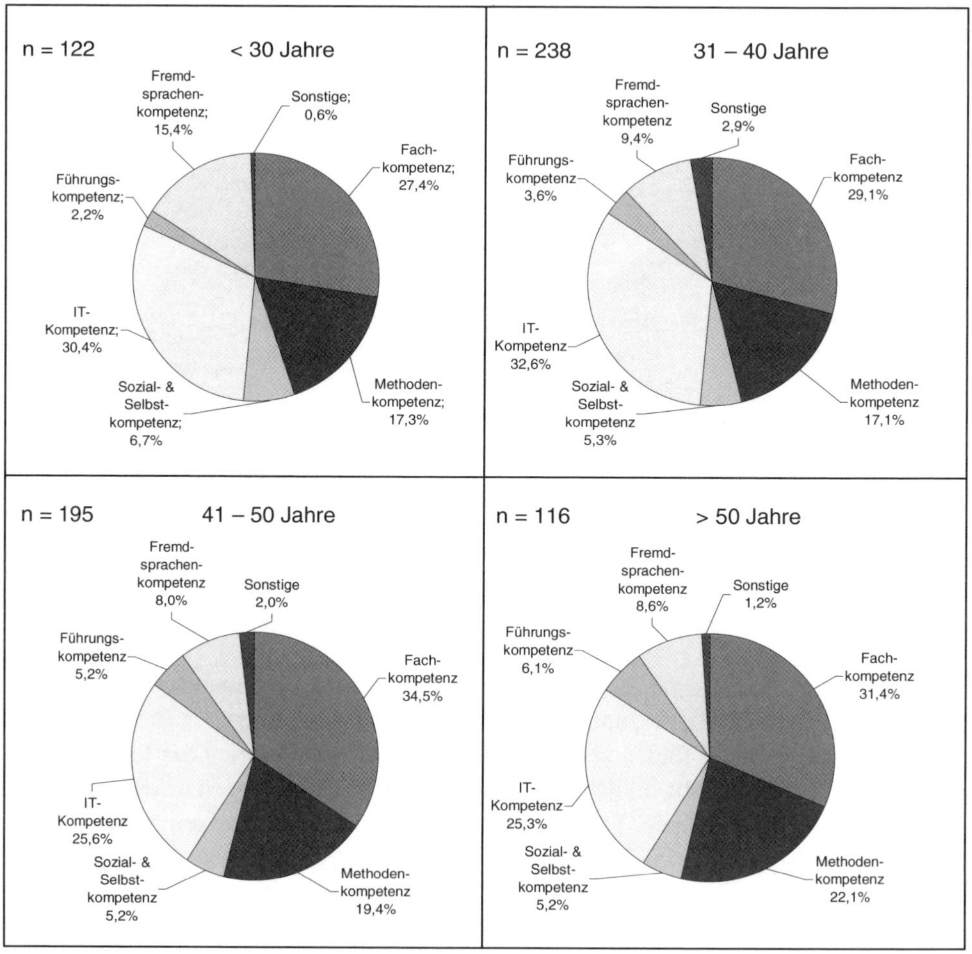

Abbildung 43: Besuchte Weiterbildung administrativer Mitarbeiter verschiedener Altersgruppen

Wie Abbildung 44 veranschaulicht, benennen administrative Mitarbeiter hinsichtlich ihres Entwicklungsbedarfs mit zunehmendem Alter weniger Themen zur Fachkompetenz. Der Bereich Methoden- und Fremdsprachenkompetenz bleibt konstant, während Aspekte der Sozial- und Selbstkompetenz besonders in der jüngsten Alterkategorie stärker ausgeprägt sind. Mit zunehmendem Alter wird mehr Entwicklungsbedarf in Bezug auf die Informationstechnologie benannt.

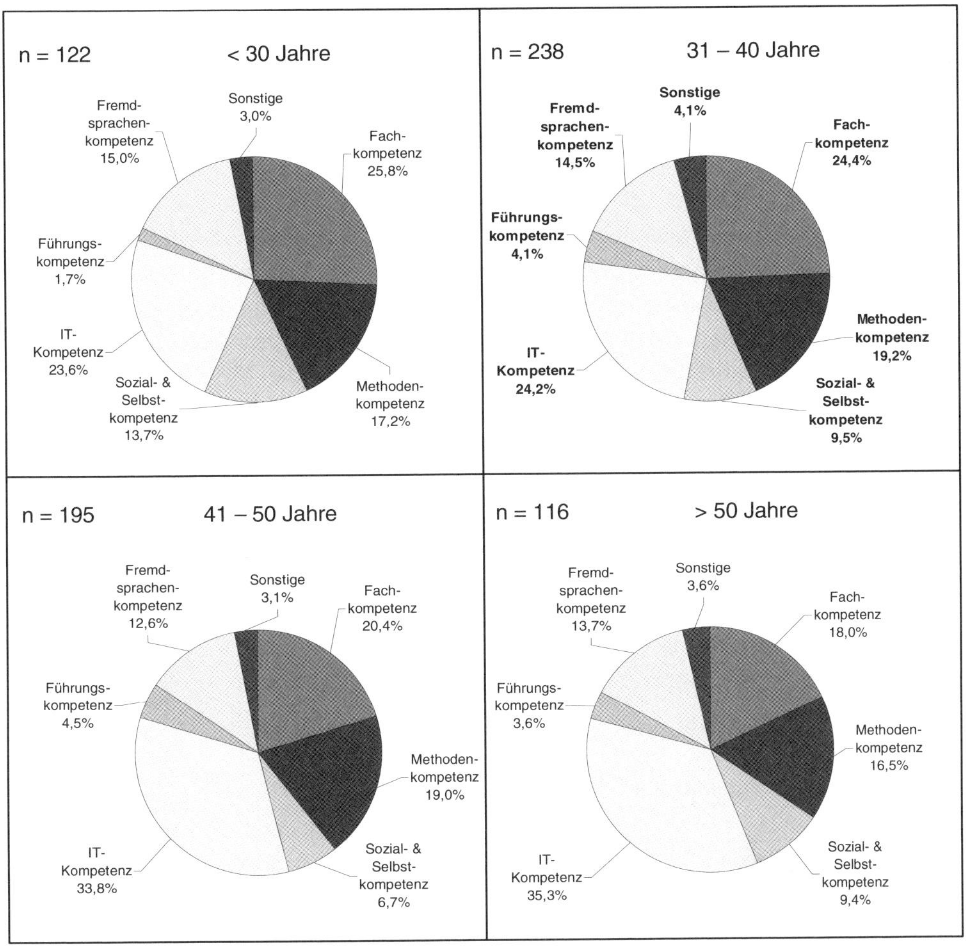

Abbildung 44: Entwicklungsbedarf aus Sicht administrativer Mitarbeiter verschiedener Altersgruppen

Die Analysen veranschaulichen, dass die Ergebnisse bezogen auf altersbedingte Unterschiede nur unwesentlich voneinander abweichen. Die Vermutung, dass wesentliche Kennzahlen innerhalb der Personalentwicklung (Kenntnisse und Fertigkeiten, besuchte Weiterbildung, Weiterbildungsbedarf und berufliche Entwicklungsziele) erheblich zwischen den Altergruppen variieren, kann in der vorliegenden Studie nicht grundlegend bestätigt werden. Daher werden die Ergebnisse konkretisiert und ausgewählte Altergruppen mit verschiedenen Tätigkeitsbildern betrachtet.

6.5.6 Vergleich von Altersgruppen mit unterschiedlichen Tätigkeitsbildern

Die oben dargestellten Befunde (vgl. Abschnitt 6.2) zeigen, dass zwischen gewerblichen und administrativen Mitarbeitern bzw. zwischen verschiedenen Tätigkeitsgruppen Differenzen vorliegen, die altersspezifischen Auswertungen jedoch nicht deutlich voneinander abweichen. Es bietet sich somit an, die Daten für weitere Tätigkeitsbereiche und Altersgruppen auszuwerten.

Neben Mitarbeitern in einer leitenden Funktion werden Sach-, Fach- und Chemiearbeiter betrachtet, die in Analogie zu den in Abschnitt 6.5.4 dargestellten Tätigkeitsgruppen ausgewählt wurden und einen detaillierteren Vergleich ermöglichen. Tabelle 10 zeigt eine Übersicht der vorliegenden Daten. Die Darstellung und Auswertung der Ergebnisse erfolgt nach der dichotomen Methode: Zunächst wird das Durchschnittsalter der entsprechenden Tätigkeitsgruppe berechnet und das Ergebnis auf 0,5 Jahre gerundet. Anschließend werden die Mitarbeiter mit unter- bzw. überdurchschnittlichem Alter ausgewertet und vergleichend betrachtet.

Tabelle 10: Übersicht der vorliegenden Daten[28]

Tätigkeit	Jüngere Mitarbeiter (n)	Altersmedian (auf 0,5 Jahre gerundet)	Ältere Mitarbeiter (n)
Leitungsfunktionen	**39**	**44,5**	**40**
Ingenieur, Techniker, Planer	36	44,0	36
Coach, Meister, Gruppenleiter	23	43,5	23
Außendienstmitarbeiter	29	38,5	29
Referent, Koordinator	39	40,0	38
EDV-Fachkraft, Programmierer	25	39,5	24
Sachbearbeiter	**125**	**38,5**	**116**
Sekretärin, Assistentin	29	38,5	27
Facharbeiter	**137**	**39,0**	**139**
Einrichter, Einsteller	80	39,5	85
Chemiearbeiter	**243**	**42,0**	**257**

1) Mitarbeiter mit Leitungsfunktionen

Bei der Analyse von Mitarbeitern in leitender Position (z. B. Abteilungsleiter, Teamleiter etc.) zeigt sich, dass die fachlichen Kompetenzen in der Gruppe der Älteren mit 36,0% (zu 20,3%) stärker benannt werden. Die Nennungen im Bereich Methodenkompetenz unterscheiden sich nur unwesentlich, hingegen generieren die Jüngeren mehr Nennungen zur Sozial- und Selbstkompetenz. Ebenfalls stärker ausgeprägt ist die Führungs- und Fremdsprachenkompetenz, während ältere Mitarbeiter mehr Angaben zur IT-Kompetenz formulieren (vgl. Abbildung 45).

28 Fett gedruckt sind die ausführlich dargestellten Mitarbeiterbereiche.

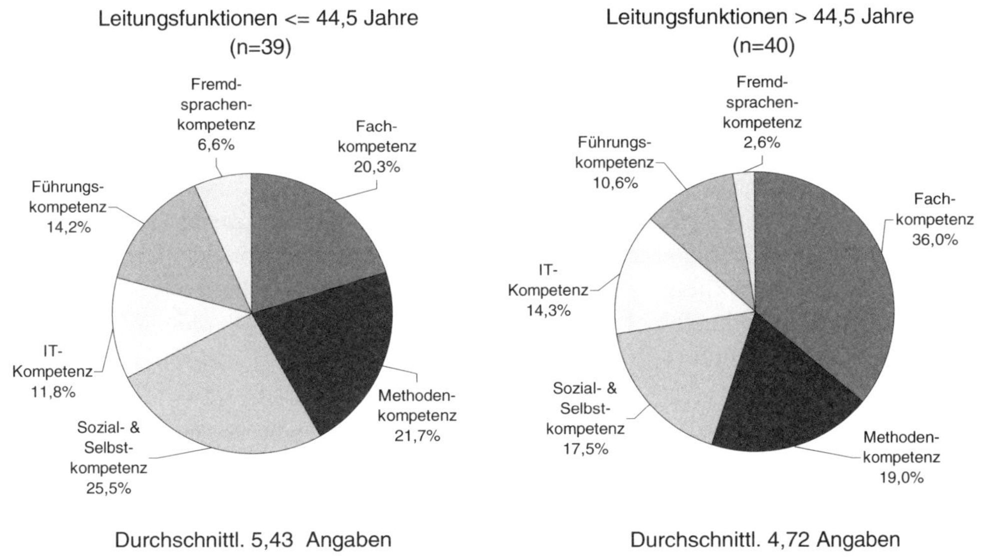

Abbildung 45: Vorhandene Kenntnisse bei Mitarbeitern mit Leitungsfunktion

Betrachtet man die absolvierten Weiterbildungsmaßnahmen (vgl. Abbildung 46) wird ersichtlich, dass die jüngeren Führungskräfte prozentual mehr Maßnahmen zur Führungskompetenz besucht haben als Ältere. Diese absolvieren mehr Maßnahmen im Bereich der Fach- und Fremdsprachenkompetenz.

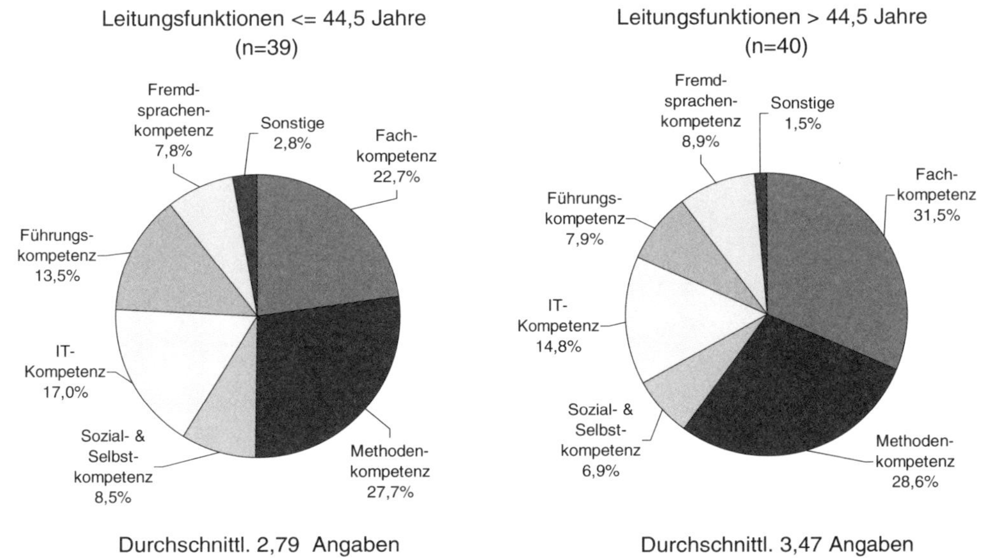

Abbildung 46: Besuchte Weiterbildungsmaßnahmen bei Mitarbeitern mit Leitungsfunktion

Sowohl ältere als auch jüngere Führungskräfte sehen ihren Entwicklungsbedarf vorwiegend im Bereich der Methodenkompetenz (vgl. Abbildung 47). Hingegen benennen jüngere Führungskräfte mit 17,1% zu 11,7% mehr Themen aus dem Bereich Führungskompetenz. Ältere Führungskräfte sehen mit 18,8% der Nennungen einen höheren Bedarf im Erlernen von Fremdsprachen vs. 7,1% bei den jüngeren Führungskräften.

Interessant ist, dass innerhalb des betrachteten Tätigkeitsbereiches sowohl Ältere als auch Jüngere in quantitativer Hinsicht annähernd gleich viele Ziele zur beruflichen Weiterentwicklung benennen. Somit ist davon auszugehen, dass ein Großteil der älteren Mitarbeiter hinsichtlich des eigenen beruflichen Werdegangs engagiert und zielorientiert agiert (vgl. Abbildung 48).

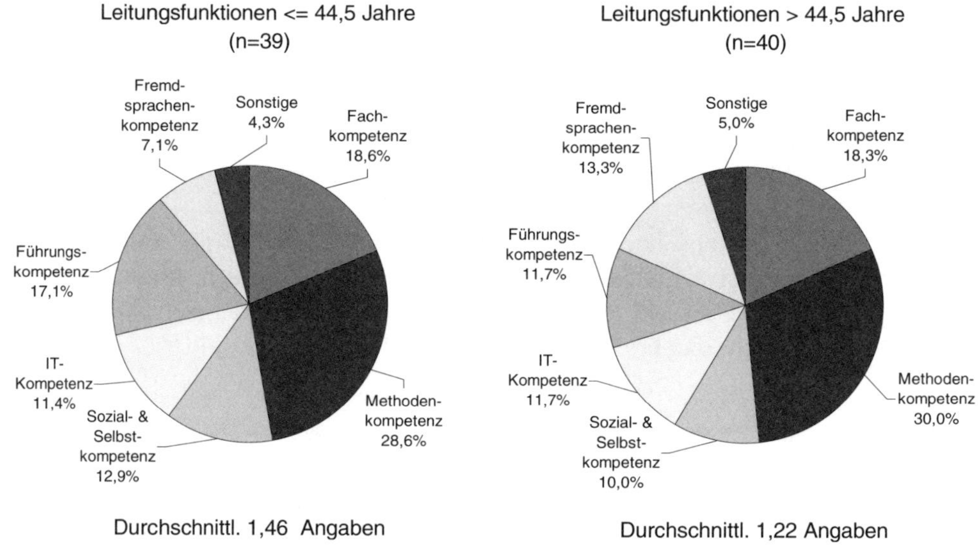

Abbildung 47: Entwicklungsbedarf aus Sicht von Mitarbeitern mit Leitungsfunktion

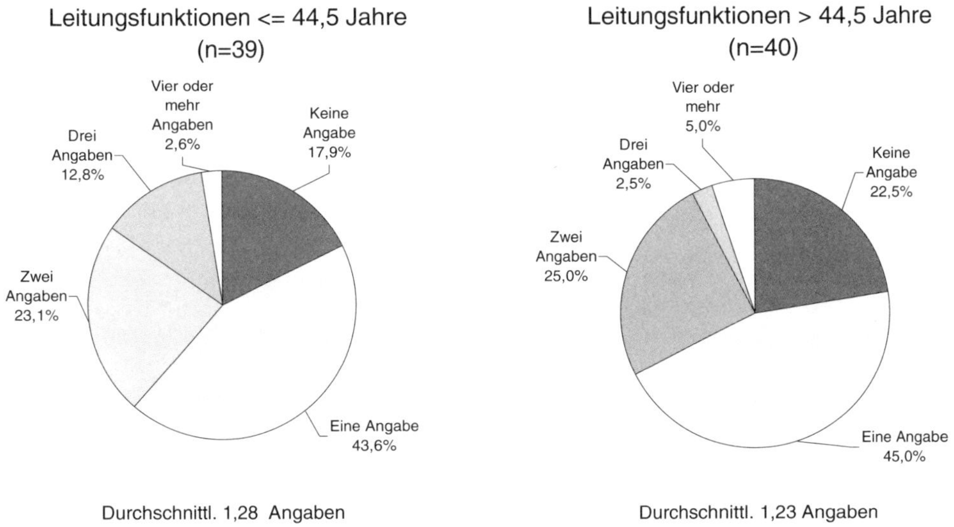

Abbildung 48: Berufliche Entwicklungsziele (quantitativ) bei Mitarbeitern mit Leitungsfunktion

2) Sachbearbeiter

Nachfolgend werden jüngere und ältere Sacharbeiter miteinander verglichen. In der Funktion eines Sachbearbeiters finden sich in der Regel Personen mit einer Berufsausbildung im kaufmännischen Bereich (z. B. Groß- und Außenhandelskaufmann, Bürokaufmann, Industriekaufmann etc.). Mit Blick auf die vorhandenen Kenntnisse benennt die Gruppe der älteren Sachbearbeiter mehr Themen aus dem Bereich der Fachkompetenz (38,8%) im Vergleich zu den jüngeren Kollegen (28,0%). Die Führungs- und IT-Kompetenz wird von beiden Mitarbeitergruppen gleich stark angegeben. Hingegen formulieren die Jüngeren mehr Kenntnisse aus dem Gebiet Sozial- und Selbst- sowie Fremdsprachenkompetenz (vgl. Abbildung 49).

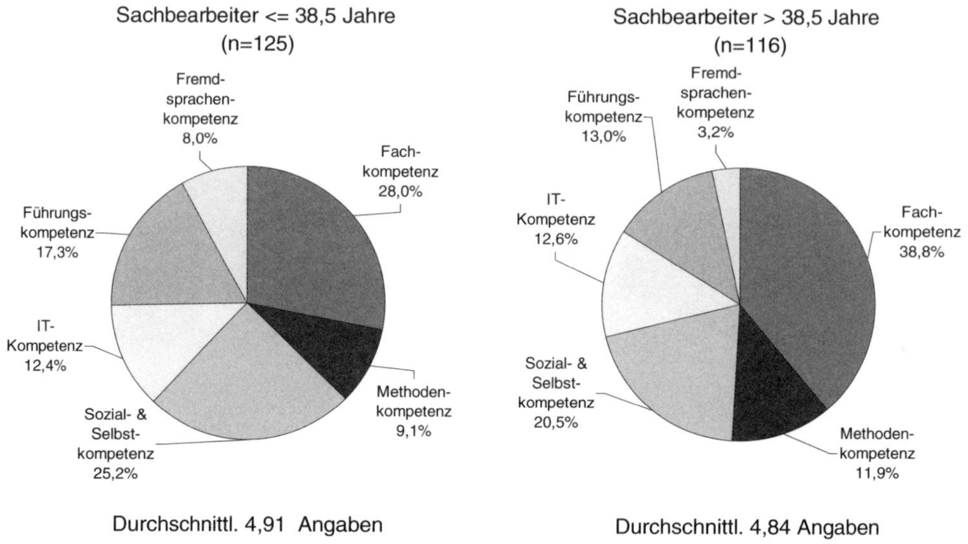

Abbildung 49: Vorhandene Kenntnisse bei Sachbearbeitern

Die Betrachtung der besuchten Weiterbildungen (vgl. Abbildung 50) macht deutlich, dass Sachbearbeiter bislang insbesondere ihre IT-Kompetenz ausgebaut haben. Ferner werden Maßnahmen im Bereich der Fach- und Methodenkompetenz besucht. Jüngere Sachbearbeiter hingegen haben einen hohen Anteil (16,8%) an Maßnahmen im Bereich der Fremdsprachenkompetenz absolviert.

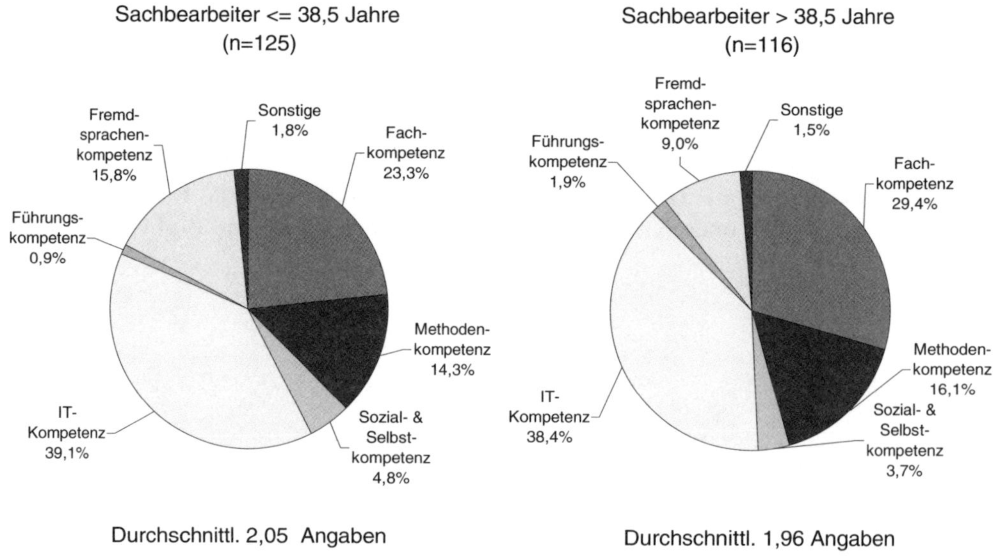

Abbildung 50: Besuchte Weiterbildungsmaßnahmen bei Sachbearbeitern

Der Entwicklungsbedarf aus Sicht der Beschäftigten liegt vornehmlich auf dem Bereich der IT-Kompetenz (vgl. Abbildung 51). Hier zeigt sich bei den Älteren ein höherer Bedarf (48,6%) als bei den Jüngeren (30,8%). Weiterhin wird die Fachkompetenz ebenso wie die Fremdsprachenkompetenz künftig als bedeutsam eingestuft. Jüngere Sachbearbeiter formulieren darüber hinaus im Bereich der Methodenkompetenz einen deutlich höheren Bedarf (13,1% zu 4,3%).

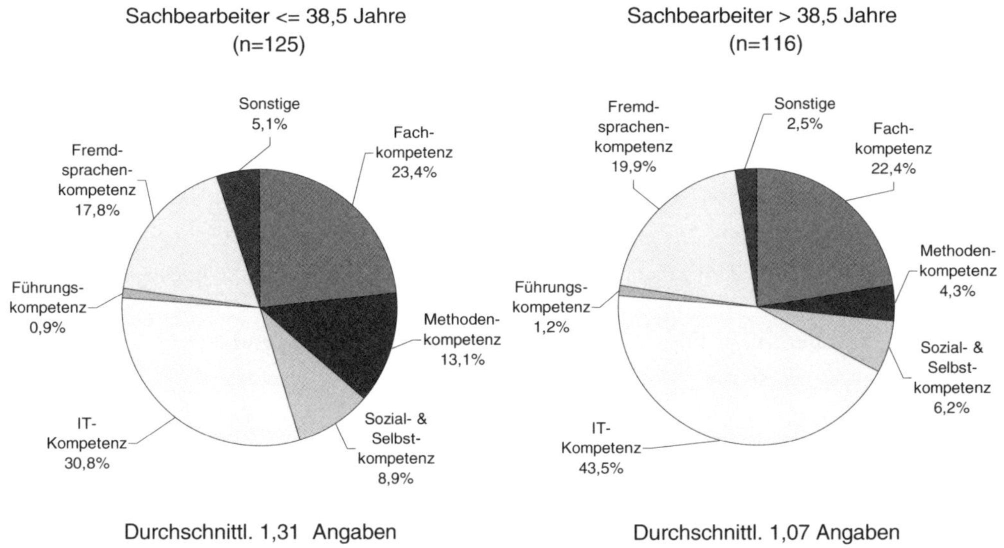

Abbildung 51: Entwicklungsbedarf aus Sicht von Sachbearbeitern

Bei den beruflichen Entwicklungszielen (vgl. Abbildung 52) generiert die Gruppe der jüngeren Sachbearbeiter im Schnitt 1,2 Angaben. Vorwiegend betrifft dies die persönliche Weiterbildung (z. B. Vertiefen der Sprachkenntnisse) oder die Verbesserung der Zusammenarbeit mit vor- und nachgelagerten Abteilungen. Die älteren Sachbearbeiter machen durchschnittlich 0,89 Angaben. Dabei handelt es sich ebenfalls um Ziele, die durch eine Weiterbildungsmaßnahme erreicht werden können (z. B. Erlernen bzw. Vertiefen von Softwarekenntnissen) und die den eigenen Arbeitsplatz sichern sollen. Neben der Gruppe der Mitarbeiter in Leitungsfunktionen haben mit 43,1% der hier erfassten Mitarbeiter weniger als die Hälfte keine Ziele benannt. In den Gruppen Facharbeiter und Chemiearbeiter finden sich sogar jeweils über 50,0% der Älteren, die kein Entwicklungsziel angegeben haben (vgl. die folgenden Ausführungen).

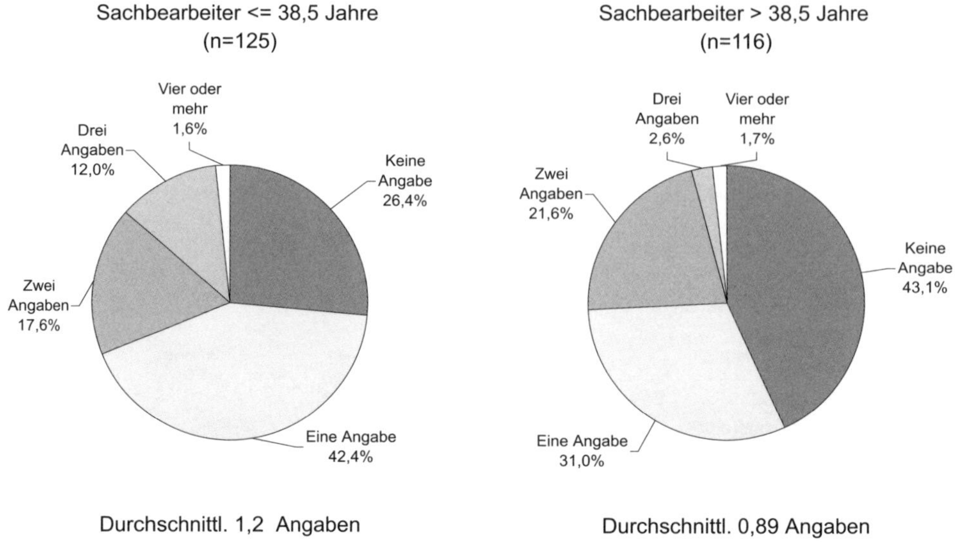

Abbildung 52: Berufliche Entwicklungsziele (quantitativ) bei Sachbearbeitern

3) Facharbeiter

Die Gruppe der Facharbeiter (Metall- und Elektroberufe) umfasst solche Mitarbeiter, die eine abgeschlossene Berufsausbildung im dualen Berufsausbildungssystem absolviert haben. In der hier zugrunde liegenden Teilstichprobe werden die Angaben von 139 bzw. 137 Mitarbeitern ausgewertet. Die Gruppe ist vornehmlich in der Instandhaltung und Wartung von Maschinen bzw. Anlagen tätig. Die Gruppe der Chemiearbeiter ist üblicherweise für die standardisierten Produktaufgaben zuständig, vereinzelt sind Facharbeiter mit diesen Tätigkeiten beauftragt. Es zeigt sich, dass deutliche Unterschiede hinsichtlich der vorhandenen Kenntnisse und Fertigkeiten nur in der Kategorie Führungskompetenz auftreten (vgl. Abbildung 53): Hier nennen die jüngeren Facharbeiter mit 8,0% der Angaben einen deutlich höheren Anteil als die älteren (2,6%).

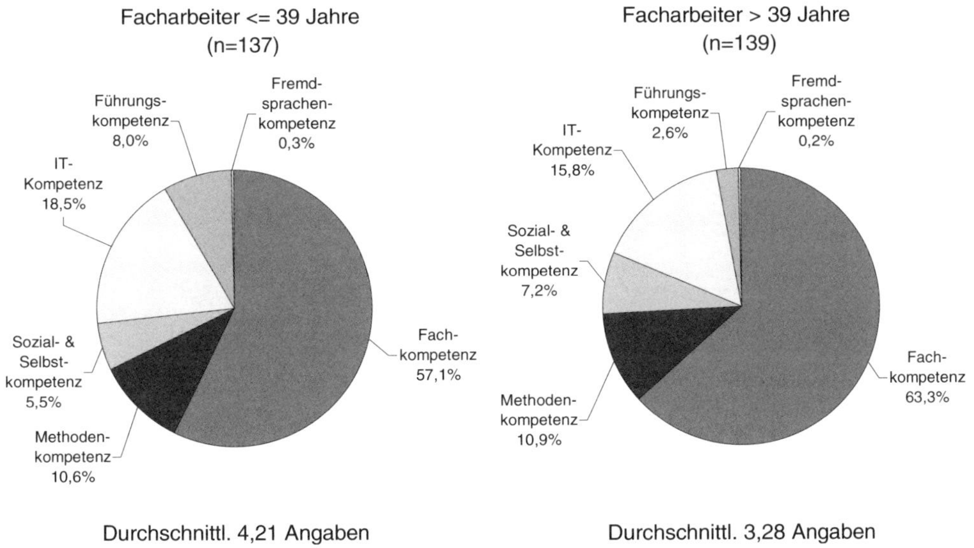

Abbildung 53: Vorhandene Kenntnisse bei Facharbeitern

Wie Abbildung 54 zeigt, besuchen die Mitarbeiter neben Maßnahmen zur Fachkompetenz vielfach Maßnahmen zur Methodenkompetenz, wie z.B. Schulungen zur Gruppenarbeit. Hingegen werden keine Maßnahmen im Bereich der Führungskompetenz absolviert. Ebenso sind Maßnahmen zum Ausbau von Sozial- und Selbstkompetenz mit 1,9% bei den Jüngeren und 3,1% bei den Älteren vergleichsweise gering ausgeprägt.

Bezogen auf erforderliche Kompetenzentwicklungsmaßnahmen (vgl. Abbildung 55) formulieren die älteren Facharbeiter den größten Bedarf nach Schulungen zur IT-Kompetenz. Jüngere Facharbeiter sehen diesen im Bereich der Fachkompetenz, gefolgt von der IT-Kompetenz. Der Aspekt Führungskompetenz wird von keiner der beiden Gruppen benannt. Offensichtlich erlangt im gewerblichen Bereich die Fremdsprachenkompetenz eine zunehmende Relevanz, da immerhin 9,6% der älteren und 11,4% der jüngeren Mitarbeiter diese Facette benennen. Maßnahmen zum Ausbau von Methoden-, Sozial- und Selbstkompetenzen werden nur geringfügig gefordert.

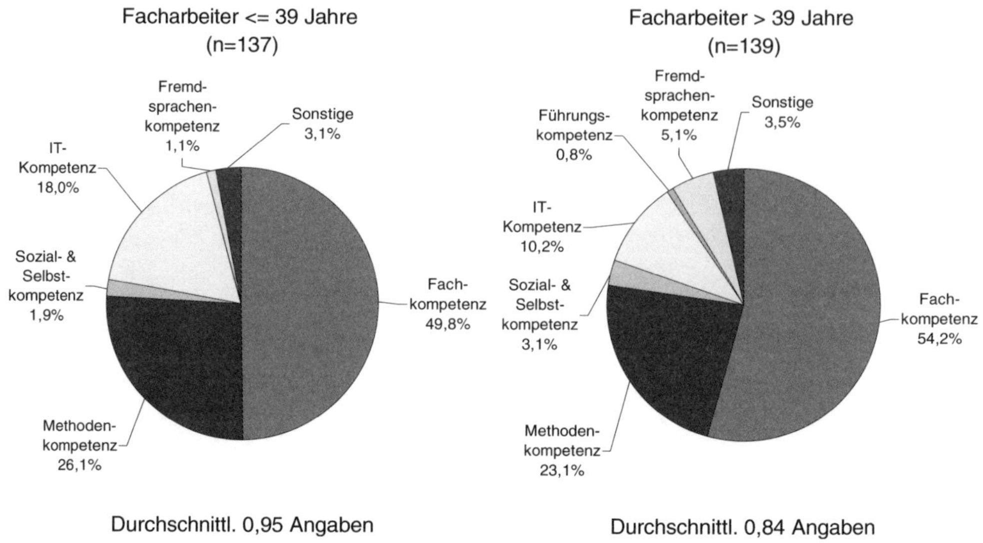

Abbildung 54: Besuchte Weiterbildungsmaßnahmen bei Facharbeitern

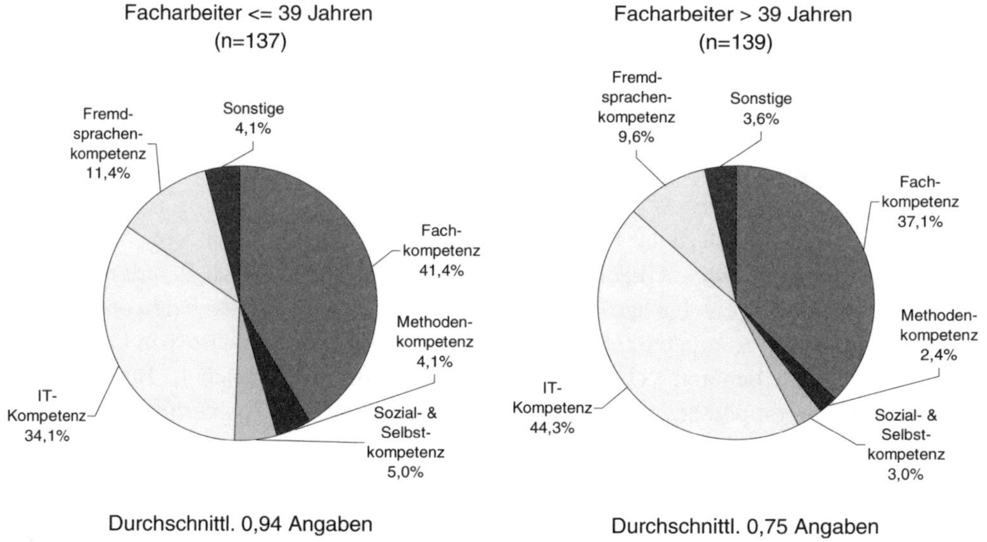

Abbildung 55: Entwicklungsbedarf aus Sicht von Facharbeitern

Bei den beruflichen Entwicklungszielen zeigt sich, dass die älteren Facharbeiter mit 0,64 Nennungen weniger Ziele formulieren als ihre jüngeren Kollegen, die durchschnittlich 1,08 Ziele benennen. Insbesondere der Anteil von älteren Mitarbeitern, die kein berufliches Entwicklungsziel formulieren, ist mit 55,4 % im Vergleich zu der Gruppe der Mitarbeiter in Leitungsfunktionen (vgl. Abbildung 47) hoch.

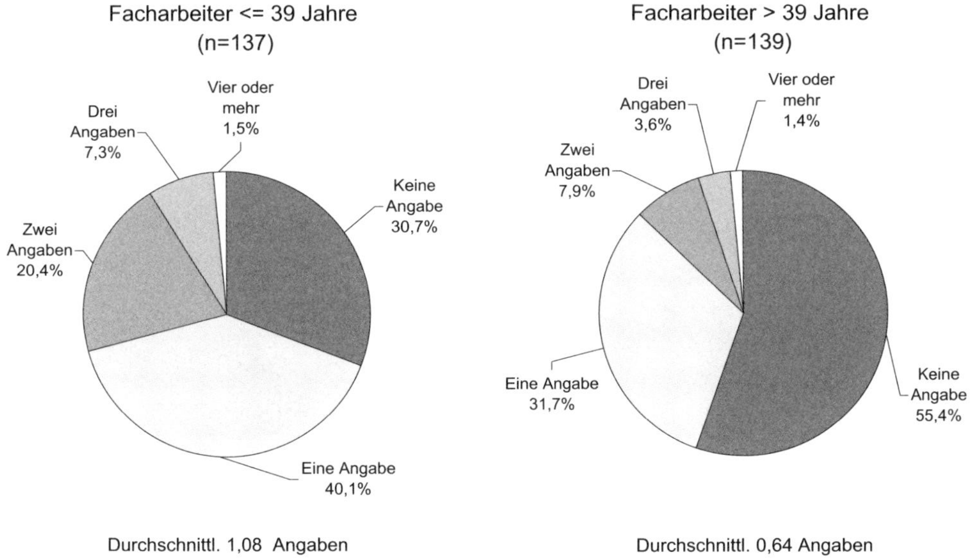

Abbildung 56: Berufliche Entwicklungsziele (quantitativ) bei Facharbeitern

4) Chemiearbeiter

Die Gruppe der „Chemiearbeiter“ umfasst weitgehend an- oder ungelernte Personen. Als angelernt gelten solche Mitarbeiter, die eine fachfremde Ausbildung absolviert haben (z. B. Bäcker, Friseur etc.). Als ungelernt werden die Beschäftigten bezeichnet, die keine berufliche Ausbildung besitzen. Der Hinweis „mit und ohne Funktion“ verweist darauf, dass die Mitarbeiter zusätzlich zu der Produktionstätigkeit weitere Aufgaben ausführen, wie z. B. Gruppensprecher, Administration der EDV-Systeme (Kennzahlen erheben / dokumentieren) oder analysieren und beheben von Fehlern sowie Störungen. Inhaltlich zeigt sich, dass die vorhandenen Kenntnisse bei jüngeren und älteren Mitarbeitern keine unterschiedlichen Ausprägungen aufweisen (vgl. Abbildung 57).

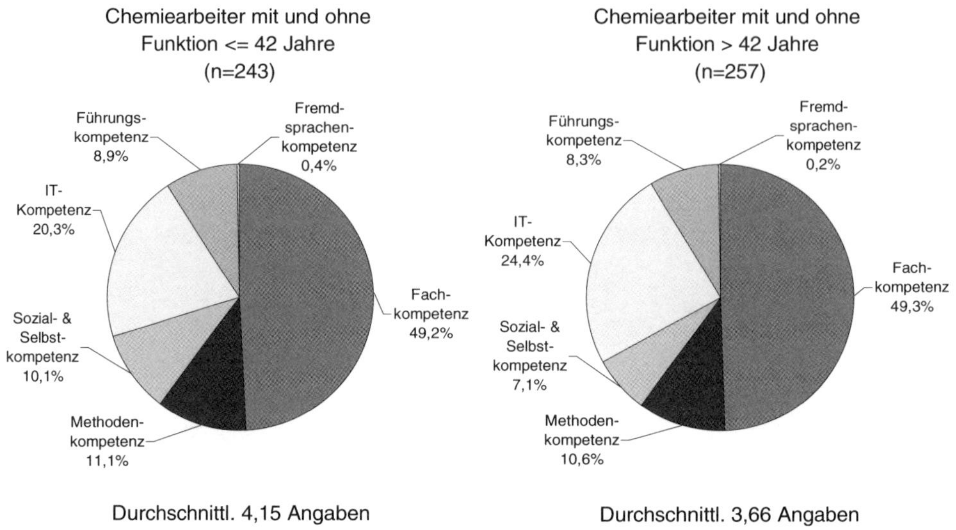

Abbildung 57: Vorhandene Kenntnisse bei Chemiearbeitern

Die Gruppe der Chemiearbeiter hat vermehrt Weiterbildungen im Bereich der Fachkompetenz absolviert (vgl. Abbildung 58, Jüngere 68,4% vs. Ältere 66,8%). Qualifizierungen zum Ausbau der Methodenkompetenz werden ebenso besucht wie IT-Schulungen. Die weiteren Themengebiete spielen eine untergeordnete Rolle.

Ergänzend zeigt Abbildung 59, dass ein erheblicher Anteil der Mitarbeiter den Entwicklungsbedarf auf dem Gebiet der IT-Kompetenz sieht. Weiterhin benennen Jüngere vergleichsweise mehr Fachkompetenzthemen, während Ältere mehr Nennungen im Bereich Methoden- sowie Sozial- und Selbstkompetenz generieren.

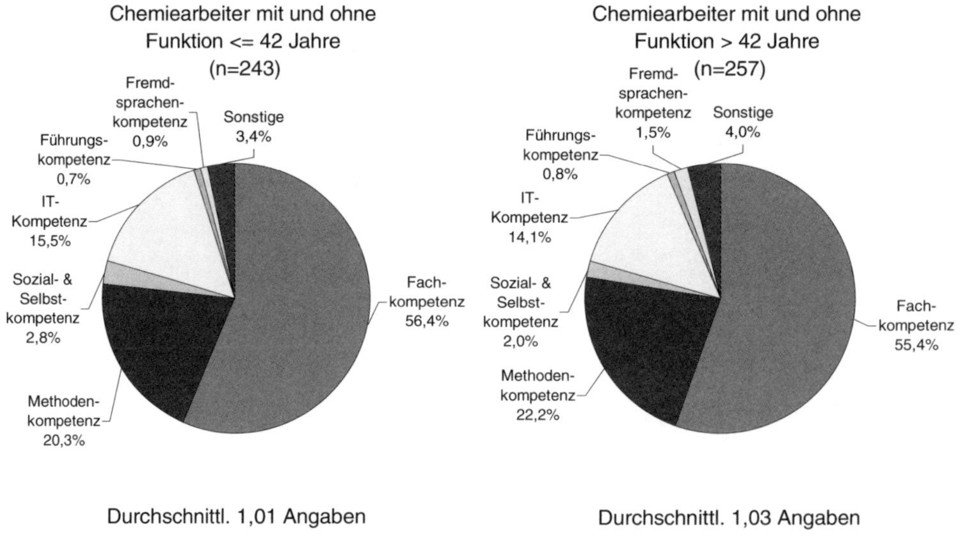

Abbildung 58: Besuchte Weiterbildungsmaßnahmen bei Chemiearbeitern

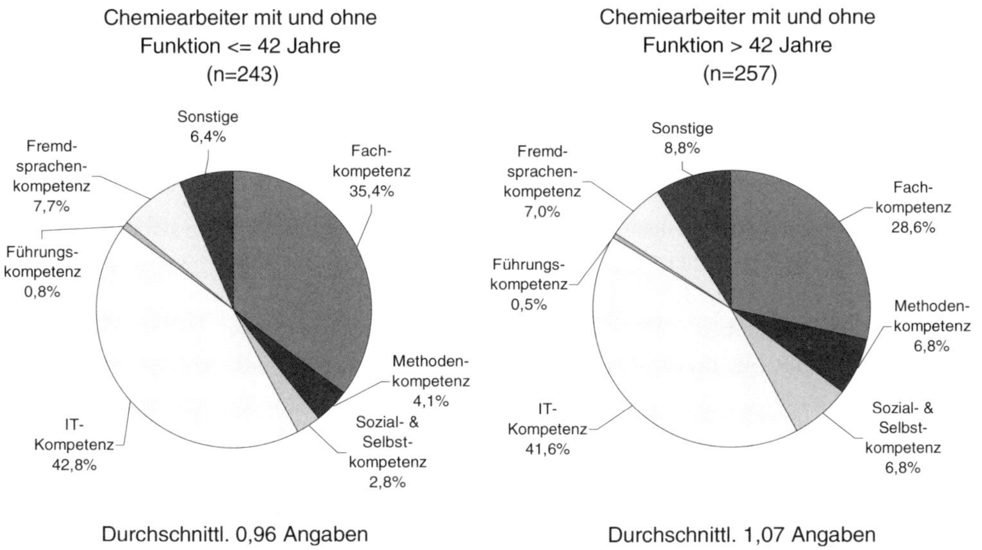

Abbildung 59: Entwicklungsbedarf aus Sicht von Chemiearbeitern

Der größte Unterschied zu den zuvor dargestellten Mitarbeitergruppen wird bei der Frage nach Entwicklungszielen deutlich (vgl. Abbildung 60), da 58,4% der älteren Chemiearbeiter und 36,6% der jüngeren keine Angaben machen möchte/kann.

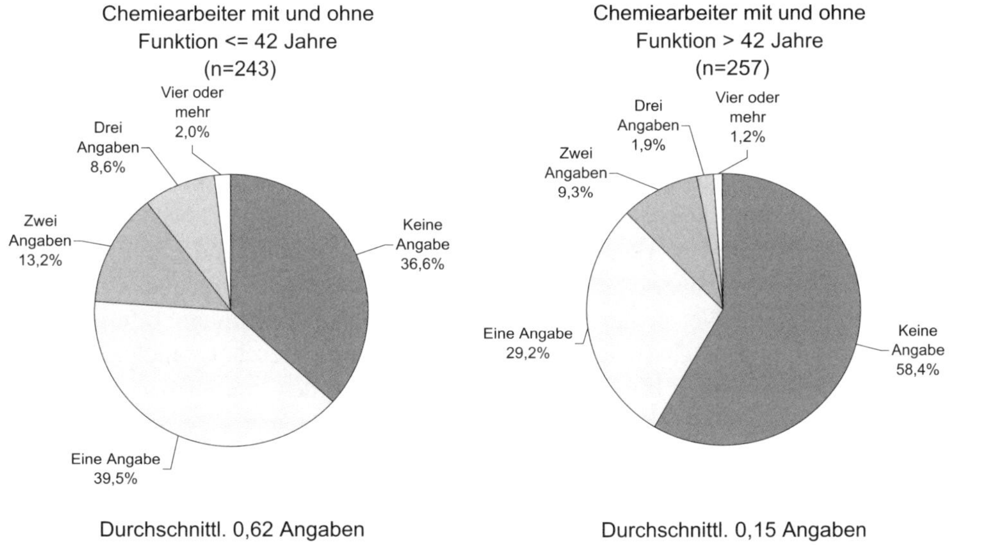

Abbildung 60: Berufliche Entwicklungsziele (quantitativ) bei Chemiearbeitern

Die Befunde zeigen vor allem bei gewerblichen Gruppen, dass sowohl hinsichtlich des Weiterbildungsbedarfs als auch der Entwicklungsziele mehr Perspektiven geschaffen werden sollten. Dabei ist insbesondere an die Schaffung bzw. Weiterentwicklung lernförderlicher Arbeitsbedingungen zu denken, wie in Abschnitt 6.3 exemplarisch für einen Pilotbereich dargestellt.

6.6 Zusammenfassende Überlegungen

Im Rahmen des Projekts konnten ca. 70% der Mitarbeiter bei der B. Braun Melsungen AG angesprochen und ihnen die Möglichkeit gegeben werden, an den Analysen mitzuwirken. Interviews mit Führungskräften wurden in etwa 95 Organisationseinheiten durchgeführt. Die gewonnenen Informationen ließen sich zielführend als Input für die Entwicklungsphase nutzen: Auf Grundlage der verdichteten Analyseergebnisse wurden über 80 Workshops zur Erarbeitung von bedarfsgerechten Kompetenzentwicklungsmaßnahmen durchgeführt, wobei es anschließend gilt, die erarbeiteten Konzepte mittel- bzw. langfristig umzusetzen.

Inhaltlich lassen sich anhand der Analyse- und Workshopergebnisse einige interessante Trends ableiten. Zum einen bleibt die Entwicklung fachlicher Kompetenzen sowohl aus Sicht des Managements als auch der Mitarbeiter (weiterhin) sehr wichtig und hat anteilsmäßig das größte Gewicht. Daneben werden Methodenkompetenzen für alle Mitarbeitergruppen nach Meinung der Führungskräfte bedeutender, dies wird von den befragten Mitarbeitern im Angestelltenbereich ähnlich gesehen. Gewerblich-technische Beschäftigte haben diesen Bedarf bislang kaum geäußert, sie fordern hingegen verstärkt Maßnahmen im IT-Bereich. Diese Ansicht wird wiederum von den Führungskräften nicht vollständig geteilt. Sie erwarten von ihrer Belegschaft aufgrund der dynamischen Veränderungen im Unternehmensumfeld mehr „weiche" Sozial- und Selbstkompetenzen wie z. B. Flexibilität, Kommunikations- und Konfliktfähigkeit usw. Die Ausführungen zeigen, dass Abstimmungsbedarf bei der Priorisierung abteilungsbezogener Kompetenzentwicklungsschwerpunkte besteht. Als Erfolgskriterium für die nachhaltige Verankerung der Vorgehensweise in die Unternehmensstrukturen ist daher eine gleichberechtigte Einbeziehung der beteiligten Akteursgruppen bei der Erarbeitung und Umsetzung der Konzepte zu nennen. Auch ist die Schaffung von Transparenz gegenüber allen Beteiligten wesentlich. Neben der zu Beginn des Projekts gestarteten Informationskampagne sind erzielte Zwischenergebnisse kontinuierlich zurückzumelden. Insbesondere die gemeinsamen Entwicklungs-Workshops werden von allen Teilnehmern sehr positiv eingeschätzt. Hinsichtlich der Maßnahmenplanung muss unter Kosten-Nutzenaspekten abgewogen werden, welcher Detaillierungsgrad erforderlich erscheint. So kann z. B. die Aktualisierung bzw. Weiterentwicklung von Qualifikationsmatrizen in Form von Teiltätigkeitslisten in gewerblichen Abteilungen zielführend sein, in vielen Bereichen hat sich die Erarbeitung von abteilungsspezifischen Kompetenzentwicklungsplänen und zielgruppenbezogenen Maßnahmen bewährt. In anderen Abteilungen der B. Braun Melsungen AG ist dies ein erster Schritt in Richtung Kompetenzmanagement, wie es beispielsweise in der neuen Pharmafabrik L.I.F.E. umgesetzt wird. Hier bilden Teiltätigkeitslisten die Grundlage für die Ableitung strukturierter Kompetenzentwicklungsmaßnahmen, mit denen der umfassende Qualifizierungsbedarf im Rahmen des Neubauprojekts, verbunden mit erheblichen Veränderungen der Arbeitsabläufe und technischen Anforderungen, geplant sowie realisiert wurde.

Für alle Zielgruppen bei der B. Braun Melsungen AG gilt, dass die systematische Umsetzung von Kompetenzentwicklungsmaßnahmen in Verbindung mit regelmäßigen Bildungsbedarfsanalysen, der Nutzung vorhandener und neu zur Verfügung gestellter Instrumente (z. B. Führungskräfte-Interviews, Workshop-Konzept, Qualifizierungsplan) als kontinuierliche Prozesse implementiert werden. Ein wichtiges Element ist die Ausgestaltung der Maßnahmen durch die Organisationsmitglieder selbst, die von der Personal(entwicklungs)abteilung unterstützt werden. Ergänzend informieren die externen Projektpartner als Moderatoren in den Workshops über neue Wege zur Kompetenzentwicklung. Dies regt zur Entwicklung arbeitsnaher Maßnahmen an, um das Lernen im Prozess der Arbeit zu fördern und die Bildungsbudgets zu entlasten. Durch die Anwendung der Methodik in einem mittelständischen Betrieb wird deutlich, dass sich diese Vorgehensweise grundsätzlich übertragen lässt.

Wie die tätigkeits- und altersdifferenzierten Analysen zeigen, sind alle betrieblichen Beschäftigungsgruppen sowie jüngere und ältere Mitarbeiter in Bezug auf Weiterbildung aktiv und engagiert. Mit Blick auf den Kompetenzentwicklungsbedarf zeigen sich bei den verschiedenen Altersgruppen inhaltlich keine größeren Differenzen, lediglich die Anzahl der Nennungen zum Weiterbildungsbedarf sinkt mit steigendem Alter. Dies wird allerdings erst in der Alterskategorie ab 50 Jahre ersichtlich. Dies deutet auf einen Handlungsbedarf hinsichtlich der beruflichen Entwicklungsziele hin, hier ist etwa an Patenmodelle oder langfristige Entwicklungspfade zu denken. Diese Konzepte sollten ebenfalls für gewerblich-technische Mitarbeiter zur Anwendung kommen, um das lebenslange Lernen auf allen Ebenen zu fördern. Wie sich zeigt, haben administrative Beschäftigungsgruppen einen besseren Zugang zu (formalisierter) Weiterbildung und es müssen insbesondere Gering-Qualifizierte stärker berücksichtigt werden, deren Tätigkeiten eher wenig Lernpotenzial bieten. In Betracht kommen organisatorische Maßnahmen, um die Beschäftigten auf Veränderungen vorzubereiten, wie zum Beispiel die Schaffung lernförderlicher Arbeitsstrukturen sowie eine enge Verzahnung von seminaristischen und arbeitsnahen Lernformen.

7 Ausblick

Durch das Projekt, die Analysen und den Austausch zwischen Führungskräften, Mitarbeitern, Betriebsräten, Personalwesen bzw. Personalentwicklungsabteilung wird ein Prozess angeregt, der als wichtige Voraussetzung für organisationale und individuelle Kompetenzentwicklung anzusehen ist. Strukturierte Bildungsbedarfsanalysen, moderierte Diskussionen über Entwicklungsschwerpunkte, neue Lernformen und bedarfsgerechte Maßnahmen sind notwendig für dauerhafte Optimierungs- und Entwicklungsprozesse. Dies bildet die Basis für ein langfristig orientiertes Kompetenzmanagement im Unternehmen, da die Ergebnisse im Rahmen der Personalentwicklungsstrategie in Maßnahmen- bzw. Weiterbildungsprogramme umgesetzt werden können. Als wichtiges Erfolgskriterium ist die Einbeziehung aller beteiligten Akteursgruppen in die Erarbeitung der Konzepte des Projekts zu sehen. Daneben erscheint es wesentlich, dass eine Beauftragung des oberen Managements erfolgt, um Kompetenzentwicklung als kontinuierliche Aufgabe zu verankern.

Durch die Vielzahl der Untersuchungsergebnisse zu den einzelnen Methoden und Verfahren unter Berücksichtigung der verschiedenen Personengruppen wird zugleich deutlich, welcher Aufwand betrieben werden muss, um in systematischer Form Kompetenzentwicklungsmaßnahmen zu implementieren. Eine Überprüfung der Nachhaltigkeit der initiierten Vorgehensweisen entzieht sich diesem Bericht weitgehend, da zwischen Projektende und Nachprüfung längere Zeitabstände erforderlich sind. Den Ausführungen ist zu entnehmen, dass insbesondere jene im Projekt entwickelten Maßnahmen verstetigt werden, die einen Beitrag zur Prozessdokumentation innerhalb des Qualitätsmanagements leisten und den Zertifizierungsprozess unterstützen.

Weniger wahrscheinlich ist die Nutzung der umfangreichen Datenbank, in der berufsbiografische Daten und Interessen der Mitarbeiter an spezifischen Kompetenzentwicklungsmaßnahmen aufgeführt sind. Die kontinuierliche Pflege, Auswertung und Nutzung sowie die Verknüpfung mit der sich in Anwendung befindlichen SAP-Datenbank erscheint sinnvoll, ist aber mit einem relativ hohen Aufwand verbunden. Dennoch wäre es aus Sicht der Wissenschaft zielführend, in den Unternehmen vermehrt mit den im Prinzip vorhandenen Daten zu arbeiten, die stärker unter personalstrategischen Aspekten genutzt werden sollten. Würde man z. B. die Daten darüber auswerten, wie lange Mitarbeiter insbesondere in gewerblichen Bereichen an ihren jeweiligen Arbeitsplätzen tätig sind und welchen Arbeitsanforderungen sie dort ausgesetzt sind, könnte man erkennen, dass nicht die mangelnde Flexibilität der Mitarbeiter ein Problem ist, sondern die lange Verweildauer an einem Arbeitsplatz und damit die Einseitigkeit der Anforderungen, die zu physischen und mentalen Leistungseinschränkungen führen. Der Vorteil hoch routinierter Mitarbeiter erweist sich dann als Nachteil, wenn durch neue Technologien, neue Produkte und/oder neue Organisationsverfahren wesentliche Änderungen im Arbeitsprozess erforderlich werden. Sowohl für das Management als auch für die Mitarbeiter stellen diese zusätzliche Beanspruchungen dar, die aber notwenig sind, um Veränderungen nicht als persönliche Bedrohung zu begreifen, sondern als Herausforderung. Lernförderliche Arbeitsbedingungen leben von diesen Herausforderungen, die theoretisch begründet und systematisch organisiert werden müssen. Diese Anforderungen sind aus Sicht der Wissenschaft schnell zu formulieren, in der Praxis aber nicht immer leicht umzusetzen. Die Gründe liegen beispielsweise in der Trennung zwischen den Personal- und Fachabteilungen. Die Fachstellen sind für die Produktivität ihrer Abteilungen und die Personabteilungen für ein konfliktarmes Personalmanagement zuständig. Zur Entwicklung lernförderlicher Arbeitsbedingungen ist eine enge Kooperation zwischen beiden erforderlich, d. h. Interventionen vor Ort müssen von beiden Bereichen durchgeführt werden. Das Personalwesen muss sich intensiv auf die Arbeitsprozesse einlassen (Personalentwicklung ohne Organisationsentwicklung läuft ins Leere) und die Fachabteilung muss sich mit den Kompetenzen, Interessen und Motivationen der Mitarbeiter beschäftigen.

Eine weitere Herausforderung wird darin bestehen, den Mitarbeitern die Bedeutung fortlaufender beruflicher Entwicklung als entscheidenden Aspekt für die eigene Beschäftigungsfähigkeit nahe zu bringen. Dabei kann und sollte die Arbeitnehmervertretung eine zentrale Rolle einnehmen, indem z. B. die Betriebsräte das Thema Weiterbildung und Lernen im Prozess der Arbeit zu einem bedeutenden Handlungsfeld erklären und als betriebliche Multiplikatoren für ein neues Bewusstsein werben, indem Veränderungen als Chance und nicht als Belastung verstanden werden – vorausgesetzt, es werden entsprechende Freiräume und Entwicklungsmöglichkeiten für die Mitarbeiter geschaffen.

Als dritte Herausforderung zeichnet sich der demografische Wandel ab. Wie die empirischen Befunde verdeutlichen, bestehen Handlungsnotwendigkeiten vorrangig im Bereich der gewerblichen Beschäftigten. Deren Tätigkeiten unterliegen einem Veränderungsdruck durch Automatisierung, Kunden- und Auftragsorientierung, Arbeitszeitregelungen usw., auf den sie durch entsprechende Kompetenzentwicklungsmaßnahmen vorbereitet werden müssen. Der erforderlichen langfristigen Orientierung stehen kurzfristige Marktreaktionen entgegen, so dass Kompetenzentwicklungsmaßnahmen zeitlich solange nach hinten geschoben werden, bis es eigentlich zu spät ist. Soweit dies in der Außensicht erkennbar ist, läuft das Management Gefahr, der Leistungsstreuung älterer Mitarbeiter zu wenig Rechnung zu tragen. Da die gesetzlichen Möglichkeiten der Altersteilzeit in den nächsten Jahren weitgehend entfallen, sind die Unternehmen aufgefordert, gerade für die älter werdenden gewerblichen Mitarbeiter lernförderliche Arbeitsbedingungen zu schaffen, die einen wesentlichen Beitrag zur Einsatzflexibilität und Beschäftigungsfähigkeit leisten. Im Interesse der Betriebe und der Beschäftigten sind frühzeitige und anforderungsgerechte Kompetenzentwicklungsmaßnahmen anzustreben, da es entscheidend sein wird, ob eine alternde Erwerbsbevölkerung den Anforderungen des kontinuierlichen (technologischen) Wandels entsprechen kann und ob es gelingt, die qualifikatorischen Anpassungsprozesse und die notwendigen organisatorischen bzw. ergonomischen Gestaltungsmaßnahmen in den Unternehmen rechtzeitig zu entwickeln und umzusetzen. Dies gelingt nur mit einem breiten Verständnis von Personal- und Organisationsentwicklung, das die verschiedenen Möglichkeiten des Lernens und der Weiterbildung berücksichtigt und alle Alters- sowie Tätigkeitsgruppen in betriebliche Kompetenzentwicklung einbindet.

8 Literatur

Alheit, P. (2003). *„Biographizität" als Schlüsselqualifikation. Plädoyer für transitorische Bildungsprozesse.* QUEM-Report, 78. Weiterlernen neu gedacht. Erfahrungen und Erkenntnisse. Berlin: ABWF.

Arnold, R. (1997). *Von der Weiterbildung zur Kompetenzentwicklung. Neue Denkmodelle und Gestaltungsansätze in einem sich verändernden Handlungsfeld.* In Arbeitsgemeinschaft QUEM (Hrsg.), Kompetenzentwicklung '97. Berufliche Weiterbildung in der Transformation – Fakten und Visionen. Münster: Waxmann.

Arnold, R. & Krämer-Stürzl, A. (1999). *Berufs- und Arbeitspädagogik.* Berlin: Cornelsen.

Arnold, R. (2001). *Personalentwicklung.* In R. Arnold, S. Nolda & E, Nuissl (Hrsg.), Wörterbuch der Erwachsenenpädagogik. Bad Heilbrunn: Klinkhardt.

Baethge, M. & Baethge-Kinsky, V. (2002). Arbeit – die zweite Chance. In Arbeitsgemeinschaft QUEM (Hrsg.), Kompetenzentwicklung 2002. Auf dem Weg zu einer neuen Lernkultur. Rückstand – Stand – Ausblick. Münster: Waxmann.

Baitsch, C. (1998). *Lernen im Prozess der Arbeit – Zum Stand der internationalen Forschung.* In Arbeitsgemeinschaft QUEM (Hrsg.), Kompetenzentwicklung '98. Forschungsstand und Forschungsperspektiven. Münster: Waxmann.

Baitsch, C. (1999). *Interorganisationale Lehr- und Lernnetze.* In Arbeitsgemeinschaft QUEM (Hrsg.), Kompetenzentwicklung '99. Aspekte einer neuen Lernkultur. Münster: Waxmann.

Becker, M. (1995). Bildungscontrolling – Möglichkeiten und Grenzen aus wissenschaftstheoretischer und bildungspraktischer Sicht. In G. v. Landsberg & R. Weiß (Hrsg.), Bildungscontrolling, 2te Auflage. Stuttgart: Schäfer-Poeschel.

Becker, M. (1999). *Personalentwicklung. Bildung, Förderung und Organisationsentwicklung in Theorie und Praxis.* 2te Auflage. Stuttgart: Schäfer-Poeschel.

Becker, M. & Rother, G. (1998). *Pendelschlag von der Qualifikation zur Kompetenz.* QUEM-Bulletin, 2-3/98. Berlin: ABWF.

Bergmann, B. (1998). *Tätigkeitsanforderungen im Verlauf der Berufsbiografie.* Zeitschrift für Arbeits- und Organisationspsychologie, 01/1998, S. 2-14. Göttingen: Hogrefe.

Bergmann, B. (2000a). *Kompetenzentwicklung im Arbeitsprozess.* Zeitschrift für Arbeitswissenschaft, 54, S. 138-144.

Bergmann, B. (2000b). *Arbeitsimmanente Kompetenzentwicklung.* In B. Bergmann et al. (Hrsg.), Kompetenzentwicklung und Berufsarbeit. Münster: Waxmann.

Bergmann, B. (2001). *Kompetenzentwicklung, eine Aufgabe für das gesamte Erwerbsleben.* QUEM-Bulletin, 3/2001. Berlin: ABWF.

Bergmann, B. & Pietrzyk, U. (2000). *Lernanforderungen von Arbeitsaufgaben und Kompetenzentwicklung.* Arbeit, 1/2000. S. 40-53.

Bergmann, B., Fritsch, A., Göpfert, P., Richter, F., Wardanjan, B. & Wilczek, S. (2000). *Kompetenzentwicklung und Berufsarbeit.* Münster: Waxmann.

Bernien, M. (1997). *Anforderungen an eine qualitative und quantitative Darstellung der beruflichen Kompetenzentwicklung.* In Arbeitsgemeinschaft QUEM (Hrsg.), Kompetenzentwicklung '97. Berufliche Weiterbildung in der Transformation – Fakten und Visionen. Münster: Waxmann.

Birg, H. (2001). *Die demographische Zeitenwende.* Der Bevölkerungsrückgang in Deutschland und Europa. München: C.H. Beck.

BMBF (2001). *Berichtssystem Weiterbildung VIII. Erste Ergebnisse der Repräsentativbefragung zur Weiterbildungssituation in Deutschland.* Bonn: 2001.

BMBF (2004). *Berichtssystem Weiterbildung IX. Ergebnisse der Repräsentativbefragung zur Weiterbildungssituation in Deutschland.* Bonn: 2004.

Borg, I. (1995). *Mitarbeiterbefragungen. Strategisches Auftau- und Einbindungsmanagement.* Göttingen: Verlag für angewandte Psychologie.

Bortz, J. & Döring, N. (2003). *Forschungsmethoden und Evaluation.* 3te Auflage. Berlin: Springer.

Bullinger, H. J. (1995). *Arbeitsgestaltung. Personalorientierte Gestaltung marktgerechter Arbeitssysteme.* Stuttgart: Teubner.

Bungard, W. (1997). *Mitarbeiterbefragungen als Instrument modernen Innovations- und Qualitätsmanagements.* In W. Bungard & I. Jöns (Hrsg.), Mitarbeiterbefragung. Ein Instrument des Innovations- und Qualitätsmanagements. Weinheim: Psychologie VerlagsUnion.

Bungard, W. & Comelli, A. (1995). *Gruppenorientierte Interventionstechniken.* In H. Schuler (Hrsg.), Organisationspsychologie. 2te Auflage. Bern: Huber.

Dehnbostel, P. (2001a). *Perspektiven für das Lernen in der Arbeit.* In Arbeitsgemeinschaft QUEM (Hrsg.), Kompetenzentwicklung 2001. Tätigsein – Lernen – Innovation. Münster: Waxmann.

Dehnbostel, P. (2001b). *Essentials einer zukunftsorientierten Lernkultur aus betrieblicher Sicht.* QUEM-Report, 67. Arbeiten und Lernen. Lernkultur Kompetenzentwicklung und innovative Arbeitsgestaltung. Berlin: ABWF.

Dehnbostel, P., Erbe, H. H. & Novak, H. (1998). *Berufliche Bildung im lernenden Unternehmen. Zum Zusammenhang von betrieblicher Reorganisation, neuen Lernkonzepten und Persönlichkeitsentwicklung.* Berlin: Sigma.

Dehnbostel, P., Elsholz, U., Meister, J. & Meyer-Menk, J. (2002). *Vernetzte Kompetenzentwicklung. Alternative Positionen zur Weiterbildung.* Berlin: Sigma.

Deichmann, F. (2005). *Optimierung eines Fertigungsbereichs unter arbeitswissenschaftlichen Gesichtspunkten und Bewertung von Arbeitsplätzen unter Einsatz des Lernförderlichkeitsinventars (LFI).* Unveröffentlichte Diplomarbeit. Kassel: IfA.

Dohmen, G. (1996). *Das lebenslange Lernen.* Bonn: BMBF.

Dohmen, G. (2001*). Das informelle Lernen: Die internationale Erschließung einer bisher vernachlässigten Grundform menschlichen Lernens für das lebenslange Lernen aller.* Bonn: BMBF.

Drexel, I. (1997). *Die bilans de compétence – ein neues Instrument der Arbeits- und Bildungspolitik in Frankreich.* In Arbeitsgemeinschaft QUEM (Hrsg.), Kompetenzentwicklung '97. Berufliche Weiterbildung in der Transformation Fakten und Visionen. Münster: Waxmann.

Dybowski, G. (1999). *Erfahrungsgeleitetes Lernen – ein Ansatz zur Kompetenzentwicklung.* QUEM-Report, 63. Berlin: ABWF.

Elsholz, U. (2002). *Kompetenzentwicklung zur reflexiven Handlungsfähigkeit.* In P. Dehnbostel, U. Elsholz, J. Meister & J. Meyer-Menk (Hrsg.), Vernetzte Kompetenzentwicklung. Alternative Positionen zur Weiterbildung. Berlin: Sigma.

Erler, W., Gerzer-Saß, A., Nußhart, C. & Saß, J. (2003). *Die Kompetenzbilanz.* In J. Erpenbeck & L. v. Rosenstiel (Hrsg.), Handbuch Kompetenzmessung. Stuttgart: Schäfer-Poeschel.

Erpenbeck, J. & Heyse, V. (1996). *Berufliche Weiterbildung und berufliche Kompetenzentwicklung.* In Arbeitsgemeinschaft QUEM (Hrsg.), Kompetenzentwicklung '96. Strukturwandel und Trends in der betrieblichen Weiterbildung. Münster: Waxmann.

Erpenbeck, J. & Heyse, V. (1999). Die Kompetenzbiografie. Strategien der Kompetenzentwicklung durch selbstorganisiertes Lernen und multimediale Kommunikation. Münster: Waxmann.

Erpenbeck, J. & Sauer, J. (2000). *Das Forschungs- und Entwicklungsprogramm Lernkultur Kompetenzentwicklung.* In Arbeitsgemeinschaft QUEM (Hrsg.), Kompetenzentwicklung 2000. Lernen im Wandel – Wandel durch Lernen. Münster: Waxmann.

Erpenbeck, J. & Rosenstiel, L. (2003). *Handbuch Kompetenzmessung.* Stuttgart: Schäfer-Poeschel.

Faust, M. & Holm, R. (2001*). Formalisierte Weiterbildung und informelles Lernen.* QUEM-Report, 69. Berufliche Kompetenzentwicklung in formellen und informellen Strukturen, S. 67-108. Berlin: ABWF.

Finkenzeller, D. (1999). *Ermittlung zukünftiger Qualifikationsanforderungen für Handwerksmeister verschiedener Branchen in Klein-, Mittel- und Großbetrieben.* Kassel: Uni-Press.

Frank, I. (2002). *Stand der Erfassung und Dokumentation informell erworbener Kompetenzen.* Grundlagen der Weiterbildung, 6/2002, S.286-289.

Frei, F., Duell, W. & Baitsch, C. (1984). *Arbeit und Kompetenzentwicklung. Theoretische Konzepte zur Psychologie arbeitsimmanenter Kompetenzentwicklung.* Bern: Huber.

Frerichs, F. (1999). *Der Einsatz älterer Mitarbeiter im Betrieb.* Angewandte Arbeitswissenschaft, 159, S. 1-18.

Frevel, A. (2000). *Bedarfsplanung als partizipative Qualifizierungsplanung.* In C. Bötel & E. Krekel (Hrsg.), Bedarfsanalyse, Nutzenbewertung und Benchmarking: Zentrale Elemente des Bildungscontrollings. Bielefeld: W. Bertelsmann.

Frieling, E. (1999). *Unternehmensflexibilität und Kompetenzerwerb.* In Arbeitsgemeinschaft QUEM (Hrsg.), Kompetenzentwicklung '99. Aspekte einer neuen Lernkultur: Argumente, Erfahrungen, Konsequenzen. Münster: Waxmann.

Frieling, E. (2004.). *Lernen und Arbeiten.* In: R. Arnold & A. Lipsmeiser (Hrsg.), Handbuch der Berufsbildung. Opladen: Leske & Buderich.

Frieling, E. & Sonntag, K. (1999). *Lehrbuch Arbeitspsychologie.* 2te Aufl. Bern: Huber.

Frieling, E., Facaoaru, C., Benedix, A., Pfaus, H. & Sonntag, K.H. (1991). *Tätigkeitsanalyse-Inventar. Theorie, Auswertung, Praxis. Handbuch und Verfahren.* Landsberg/Lech: ecomed.

Frieling, E. & Grote, S. (2000). *Fachlaufbahnen für Ingenieure – Ein Vorgehen zur systematischen Kompetenzentwicklung.* Zeitschrift für Arbeitswissenschaft, 54 (3), S. 165-174.

Frieling, E., Bernard, H., Bigalk, D., Müller, R. F. (2001). *Lernförderliche Arbeitsplätze – Eine Frage der Unternehmensflexibilität?* QUEM-Report, 69, S. 109-139. Berlin: ABWF.

Frieling, E., Grote, S. & Kauffeld, S. (2003). *Teiltätigkeitslisten als Methode der Kompetenzeinschätzung.* In J. Erpenbeck & L. v. Rosenstiel (Hrsg.), Handbuch Kompetenzmessung. Stuttgart: Schäfer-Poeschel.

Frieling, E., Fölsch, T. & Schäfer, E. (2004). *Berücksichtigung der Altersstruktur der Bevölkerung in der Arbeitswelt von morgen.* In P. Speck (Hrsg.), Employability – Herausforderungen für die strategische Personalentwicklung. Wiesbaden: Gabler.

Frieling, E., Bernard, H., Bigalk, D. & Müller, R. (2006). *Arbeitsorganisation und Kompetenzentwicklung. Entwicklung eines Lernförderlichkeitsinventars.* Münster: Waxmann.

Gebert, D. (1995). *Interventionen in Organisationen.* In H. Schuler (Hrsg.), Organisationspsychologie. Göttingen: Huber.

Gerber, P. (2003). *Qualipass – Dokumentation der persönlichen und fachlichen Kompetenzen.* In J. Erpenbeck & L. v. Rosenstiel (Hrsg.): Handbuch Kompetenzmessung. Stuttgart: Schäfer-Poeschel.

Gnahs, D. & Krekel, E. (1999). *Betriebliches Bildungscontrolling in Theorie und Praxis.* In E. Krekel & B. Seusing (Hrsg.), Bildungscontrolling – ein Konzept zur Optimierung der betrieblichen Weiterbildung. Bielefeld: W. Bertelsmann.

Gnath, C. (1996). *Organisationslernen. Theorie und Praxis der Veränderung.* Wiesbaden: Deutscher Universitätsverlag.

Grote, S. (2002). *Der flexible Mitarbeiter.* München: Utz Verlag.
Grünewald, U. & Moraal, D. (1995). *Kosten der betrieblichen Weiterbildung in Deutschland. Ergebnisse und kritische Anmerkungen.* Berlin & Bonn: BIBB.
Habenicht, T., Proß, G. & Werheit, U. (2002). *Partizipation der Beschäftigten: Motor für Mitbestimmung und Voraussetzung für die Gestaltung einer integrierten Lern- und Arbeitskultur.* In P. Dehnbostel, U. Elsholz, J. Meister & J. Meyer-Menk (Hrsg.), Vernetzte Kompetenzentwicklung. Alternative Positionen zur Weiterbildung. Berlin: Sigma.
Hacker, W. (1986). *Allgemeine Arbeitspsychologie. Psychische Regulation von Arbeitstätigkeiten.* 1te Auflage. Bern: Huber.
Heinz, W. R. (1991). *Berufliche und betriebliche Sozialisation.* In U. Lange, K. Harney, S. Rahn, S. & H. Stachowski (Hrsg.), Studienbuch Berufliche Sozialisation. Theoretische Grundlagen und empirische Befunde zu Etappen der beruflichen Sozialisation. Bad Heilbrunn: Klinkhardt.
Heyse, V. (2003). *KODE X – Kompetenzexplorer.* In J. Erpenbeck & L. v. Rosenstiel (Hrsg.), Handbuch Kompetenzmessung. Stuttgart: Schäfer-Poeschel.
Holling, H. & Liepmann, D. (1995). *Personalentwicklung.* In H. Schuler (Hrsg.), Organisationspsychologie. Göttingen: Huber.
Hummel, T. (2001). *Erfolgsreiches Bildungscontrolling. Praxis und Perspektiven.* 2te Auflage. Heidelberg: Sauer.
Kailer, N., Eder, K. J. & Mayrhofer, J. (2000). *Bildungscontrolling in österreichischen Unternehmen – Stand, Defizite, Praxisbeispiele.* In C. Bötel & M. Krekel (Hrsg.), Bedarfsanalyse, Nutzenbewertung und Benchmarking – Zentrale Elemente des Bildungscontrollings. Bielefeld: W. Bertelsmann.
Kaltschmid, J. (1994). *Biografische und lebenslauftheoretische Ansätze in der Erwachsenenbildung.* In R. Tippelt (Hrsg.), Handbuch Erwachsenenbildung/Weiterbildung. 2te überarbeitete und aktualisierte Auflage. Opladen: Leske & Buderich.
Kauffeld, S. (2000). *Teamdiagnose.* Göttingen: Hogrefe.
Kirchhöfer, D. (2000). *Informelles Lernen in alltäglichen Lebensführungen. Chance für berufliche Kompetenzentwicklung.* QUEM-Report, 66. Berlin: ABWF.
Kluge, A. (1999). *Erfahrungsmanagement in lernenden Organisationen.* Göttingen: Verlag für angewandte Psychologie.
Knöchel, W. (2000). Informelles Lernen zur selbständigen Gestaltung eigener Lernarrangements. QUEM-Materialien, 38, S. 75-112. Berlin: ABWF.
Krapp, A. & Weidenmann, B. (1992). *Entwicklungsförderliche Gestaltung von Lernprozessen.* In K. H. Sonntag (Hrsg.), Personalentwicklung in Unternehmen. Psychologische Grundlagen, Methoden und Strategien. Göttingen: Hogrefe.
Krekel, E. & Gnahs, D. (2000). *Bildungscontrolling in Deutschland: Ansätze, Stellenwert und Perspektiven.* In C. Bötel & E. Krekel (Hrsg.), Bedarfsanalyse, Nutzenbewertung und Benchmarking: Zentrale Elemente des Bildungscontrollings. Bielefeld: W. Bertelsmann.
Krekel, E. & Seusing, B. (1999). *Bildungscontrolling – ein Konzept zur Optimierung der betrieblichen Weiterbildung.* Bielefeld: W. Bertelsmann.
Lamnek, S. (1995). *Qualitative Sozialforschung. Band 2, Methoden und Techniken.* 3te korrigierte Auflage. Weinheim: Beltz.
Landsberg, G. (1995). *Bildungscontrolling – What is likely going wrong*? In G. Landsberg & R. Weiß (Hrsg.), Bildungscontrolling, 2te Auflage. Stuttgart: Schäfer-Poeschel.
Lipsmeier, A. (2000). *Der Betrieb als Lernort: Arbeiten und Lernen.* In B. Dewe (Hrsg.), Betriebspädagogik und berufliche Weiterbildung: Wissenschaft – Forschung – Reflexion. Bad Heilbrunn: Klinkhardt.

Mertens, D. (1974). *Schlüsselqualifikationen. Thesen zur Schulung für eine moderne Gesellschaft.* In U. Lange, K. Harney, S. Rahn & H. Stachowski (Hrsg.), Studienbuch Theorien der beruflichen Bildung. Grundzüge der Diskussion im 20. Jahrhundert. Bad Heilbrunn: Klinkhardt.

Neuberger, O. (1994). Führen und geführt werden. Stuttgart: Enke.

Pätzold, G. (1999). *Berufliche Handlungskompetenz.* In F. Kaiser & G. Pätzold (Hrsg.), Wörterbuch Berufs- und Wirtschaftspädagogik. Bad Heilbrunn: Klinkhardt.

Peters, B. (2005). *Die Bedeutung der Kompetenzentwicklung im Rahmen des demografischen Wandels.* Unveröffentlichte Diplomarbeit. Kassel: IfA.

Probst, G. & Büchel, B. (1994). *Organisationales Lernen: Wettbewerbsvorteil für die Zukunft.* Wiesbaden: Gabler.

Reglin, T. & Severing, E. (1995). *Bildungsplanung im Betrieb – Strategien zur Ökonomisierung betrieblicher Weiterbildung in kleinen und mittleren Unternehmen.* In H. Loebe & E. Severing (Hrsg.), Bildungsplanung im Betrieb. Wirtschaft & Weiterbildung, Band 8. Nürnberg: Berufliche Fortbildungszentren der Bayerischen Arbeitsgeberverbände e. V.

Reischmann, J. (2003). *Weiterbildungsevaluation. Lernerfolge messbar machen.* Neuwied: Luchterhand.

Ridder, H.-G. & Bruns, H.-J. (2002). *Strategische Personalentwicklung und nachhaltige Wettbewerbsvorteile – Kompetenzmanagement aus ressourcenorientierter Sicht.* In M. Becker & A. Schwertner (Hrsg.), Personalentwicklung als Kompetenzentwicklung. München: Hampp.

Rosenstiel, L. (2001). *Lernkultur Kompetenzentwicklung als Herausforderung für die Wissenschaft.* QUEM-Report, 78. Weiterlernen neu gedacht. Erfahrungen und Erkenntnisse, S. 27-38. Berlin: ABWF.

Osterloh, M. (2001). *Wettbewerbsfähigkeit in der Wissensgesellschaft oder: Können Organisationen lernen?* QUEM-Report, 68. S. 123-140. Berlin: ABWF.

Sattelberger, T. (1999a). *Handbuch der Personalberatung. Realität und Mythos einer Profession.* München: Beck.

Sattelberger, T. (1999b). *Wissenskapitalisten oder Söldner? Personalarbeit in Unternehmensnetzwerken des 21. Jahrhunderts.* Wiesbaden: Gabler.

Sauer, H. F. (1995). *Die Ermittlung des betrieblichen Bildungsbedarfs als Voraussetzung einer systematischen Personalentwicklung.* Egelsbach: Hänsel-Hohenhausen.

Schiersmann, C. & Remmele, H. (2003). *Neue Lernarrangements in Betrieben. Theoretische Fundierung – Einsatzfelder – Verbreitung.* QUEM-Report, 75. Berlin: ABWF.

Schmoldt, H. (2000). Kompetenzentwicklung in lernenden Organisationen. In Arbeitsgemeinschaft QUEM (Hrsg.), Kompetenzentwicklung 2000. Lernen im Wandel – Wandel durch Lernen. Münster: Waxmann

Scholz, Ch. (2004). *Employability bei „fortgeschrittenen" Spielern ohne Stammplatzgarantie.* In P. Speck (Hrsg.), Employability – Herausforderungen für die strategische Personalentwicklung. Wiesbaden: Gabler.

Seidel, C. & Rieker, P. (2003). *Integrative Sozialforschung. Konzepte und Methoden der qualitativen und quantitativen Sozialforschung.* Weinheim und München: Juventa.

Senge, P. (1996). *Die fünfte Disziplin. Kunst und Praxis der lernenden Organisation.* Stuttgart: Klett-Cora.

Seusing, B. & Bötel, C. (2000). *Bedarfsanalyse – die betriebliche Praxis der Planung von Weiterbildungsbedarf.* In C. Bötel & E. Krekel (Hrsg.), Bedarfsanalyse, Nutzenbewertung und Benchmarking: Zentrale Elemente des Bildungscontrollings. Bielefeld: W. Bertelsmann.

Severing, F. (1995). *Qualitätssicherung arbeitsplatznaher Weiterbildung.* In J. Feuchthofen & E. Severing (Hrsg.), Qualitätsmanagement und Qualitätssicherung in der Weiterbildung. Grundlagen der Weiterbildung, S. 74–87. Neuwied, Kriftel, Berlin: Luchterhand.

Simon, H. (1993). *Wettbewerbsstrategien.* In W. Wittmann, W. Kern & R. Köhler (Hrsg.), Handwörterbuch der Betriebswirtschaft, Band 3. 5te Auflage, Sp. 4687-4704. Stuttgart: Schäfer-Poeschel.

Sonntag, K. H. (1992). *Personalentwicklung in Unternehmen.* Psychologische Grundlagen, Methoden und Strategien. Göttingen: Hogrefe.

Staudt, E. & Kley (2001). *Formelles Lernen – informelles Lernen – Erfahrungslernen.* QUEM-Report, 69. Berufliche Kompetenzentwicklung in formellen und informellen Strukturen, S. 227-276. Berlin: ABWF.

Staudt, E. & Kriegesmann, B. (2002). *Zusammenhang von Kompetenz, Kompetenzentwicklung und Innovation.* In E. Staudt et al. (Hrsg.), Kompetenzentwicklung und Innovation. Die Rolle der Kompetenz bei Organisations-, Unternehmens- und Regionalentwicklung. Münster: Waxmann.

Straka, G. A. (2000). *Lernen unter informellen Bedingungen (informelles Lernen). Begriffsbestimmung, Diskussion in Deutschland, Evaluation und Desiderate.* In Arbeitsgemeinschaft QUEM (Hrsg.), Kompetenzentwicklung 2000. Lernen im Wandel – Wandel durch Lernen. Münster: Waxmann.

Ulich, E. (1992). *Lern- und Entwicklungspotenziale in der Arbeit – Beiträge der Arbeits- und Organisationspsychologie.* In K. H. Sonntag (Hrsg.), Personalentwicklung in Unternehmen. Psychologische Grundlagen, Methoden und Strategien. Göttingen: Hogrefe.

Wardanjan, B. (2000). *Berufsbiografie und Kompetenzentwicklung.* In B. Bergmann et al. (Hrsg.), Kompetenzentwicklung und Berufsarbeit. Münster: Waxmann.

Weiß, R. (1999). *Erfassung und Bewertung von Kompetenzen – empirische und konzeptionelle Probleme.* In Arbeitsgemeinschaft QUEM (Hrsg.), Kompetenzentwicklung '99. Aspekte einer neuen Lernkultur: Argumente, Erfahrungen, Konsequenzen. Münster: Waxmann.

Weiß, R. (2000a). *Ansätze und Schwierigkeiten einer Nutzenmessung in Betrieben.* In C. Bötel & E. Krekel (Hrsg.), Bedarfsanalyse, Nutzenbewertung und Benchmarking: Zentrale Elemente des Bildungscontrollings. Bielefeld: W. Bertelsmann.

Weiß, R. (2000b). *Erfassung und Bewertung informell erworbener Kompetenzen – Realistische Möglichkeit oder bildungspolitische Utopie?* In A. Curvy, F. Haeberlin, W. Michl & H. Breß (Hrsg.), Erlebnis Erwachsenenbildung: Zur Aktualität handlungsorientierter Pädagogik. Neuwied: Luchterhand.

Weiß, R. (2002). *Zeit- und Kosten-Sharing in der betrieblichen Weiterbildung.* In M. Becker & A. Schwertner (Hrsg.), Personalentwicklung als Kompetenzentwicklung. München: Hampp.

Wottawa, H. & Thierau, H. (1998). Lehrbuch Evaluation. 2te völlig überarbeitete Auflage. Bern: Huber.

9 Abbildungs- und Tabellenverzeichnis

Anhang

Anhang A: Befragungs-Leitfaden zur Bedarfsanalyse aus Sicht der Mitarbeiter

---

Information zu diesem Befragungs-Leitfaden

Mit dem Projekt ***NAME*** sollen passgenaue Konzepte zur Kompetenzentwicklung für Sie und Ihre Kolleginnen/Kollegen erarbeitet werden.

Hierfür ist es wichtig, den momentanen Stand Ihrer Kenntnisse und Fertigkeiten kennen zu lernen, das geschieht mit diesem **Leitfaden.**

Wir bitten Sie, sich einige Minuten Zeit zu nehmen um den Leitfaden zu bearbeiten.
Möglicherweise können Sie nicht alle Fragen beantworten – das ist völlig normal und liegt daran, dass alle Mitarbeiter im Unternehmen den gleichen Bogen erhalten.

Falls Sie zur Bearbeitung des **Leitfadens** Fragen haben oder Hilfe benötigen, erreichen Sie die Projektmitarbeiter entweder per Mail (*E-MAIL*) oder telefonisch unter (*Tel.Nr. / NAME).*

Sie haben weiterhin die Gelegenheit, den **Leitfaden** mit einem der Projektmitarbeiter persönlich zu besprechen. Falls Sie dies wünschen, wenden Sie sich bitte ebenfalls direkt an das **Projekt-Team**.

Auch im Rahmen der Gruppen-/Teamgespräche oder während bestimmter „Sprechzeiten" (siehe Aushang am schwarzen Brett) haben Sie die Möglichkeit, den Kompetenz-Leitfaden zu besprechen oder Fragen zu stellen.

Den ausgefüllten **Leitfaden** senden Sie bitte in einem verschlossenen Umschlag über die Hauspost an das **Projekt -Team** (*ADRESSE*).

Selbstverständlich ist die Bearbeitung des **Leitfadens** völlig **freiwillig**. Um Ihre persönlichen Bedürfnisse und Wünsche zu berücksichtigen, ist Ihre Teilnahme jedoch besonders wichtig.

Vielen Dank für Ihre Mitarbeit.

1 Allgemeine Daten

Name:	Vorname:
Personalnummer:	weiblich ☐ männlich ☐
Geburtsdatum:	Eintrittsdatum:
Gewerblich ☐ Administrativ ☐	Vollzeit ☐ Teilzeit ☐
Fachbereich / Abteilung (Bereichsbezeichnung/Kostenstelle):	
Aktuelle Berufs-/Tätigkeitsbezeichnung:	

2 Berufsbiografie

Welche schulische Ausbildung haben Sie? (bitte höchste angeben)

Keine abgeschlossene Schulbildung	☐
Hauptschule / Volksschule (oder vergleichbarer Abschluss)	☐
Realschule / mittlere Reife (oder vergleichbarer Abschluss)	☐
Abitur / Fachabitur (oder vergleichbarer Abschluss)	☐
Sonstiges:	☐

Welche Berufsausbildung haben Sie? (Mehrfachnennungen sind möglich)

Keine Berufsausbildung	☐
Ausbildung als: Abschlussjahr:	☐
Umschulung zum/zur:	☐
Techniker/Meister/Fachwirt (Fachrichtung):	☐
Fach-/Fachhochschule (Fachrichtung):	☐
Hochschule/Universität (Fachrichtung):	☐
Akademische Weiterbildung (MBA, Promotion, Habilitation):	☐
Sonstiges:	☐

3 Berufserfahrungen

Haben Sie vor Eintritt in das Unternehmen in anderen Betrieben gearbeitet? ja ☐ **nein** ☐

Jahr (von-bis)	Dauer (in Monaten)	Branche	Tätigkeit

Haben Sie Erfahrung mit Gruppenarbeit? **ja** ☐ **nein** ☐

	vor xx	bei xx
Mitarbeit in Gruppen oder Teams	☐	☐
Tätigkeit als Gruppen- oder Teamsprecher	☐	☐

Verfügen Sie über Projekterfahrung? **ja** ☐ **nein** ☐

Wenn ja, bitte ankreuzen:

Projekt		Leitung	vor xx	bei xx
☐ Kaufmännische Projekte		☐	☐	☐
☐ Qualitätsmanagement		☐	☐	☐
☐ Technische Projekte		☐	☐	☐
☐ Personalentwicklung / Organisationsentwicklung		☐	☐	☐
☐ EDV- / IT-Projekte		☐	☐	☐
☐ Sonstiges		☐	☐	☐

Haben Sie im Ausland gearbeitet? **ja** ☐ **nein** ☐

Wenn ja, bitte machen Sie Zusatzangaben:

Jahr (von - bis)	Dauer (in Monaten)	Land	Tätigkeit

Haben Sie Sprachkenntnisse? **ja** ☐ **nein** ☐

Wenn ja, welche: ....

4 Aktuelle Tätigkeiten

Haben Sie in verschiedenen Bereichen / Abteilungen gearbeitet? **ja** ☐ **nein** ☐

Bisherige Tätigkeiten im Unternehmen

Zeitraum (von - bis)	Bereich/Abteilung	Position/Kurzbeschreibung der Haupttätigkeiten

Bitte nennen Sie die sechs wichtigsten Kenntnisse und Fertigkeiten für Ihre Tätigkeit:

1 .... 4 ....
2 .... 5 ....
3 .... 6 ....

5 Kompetenzentwicklung

Wie erlernen Sie die Kenntnisse und Fertigkeiten, die Sie zur täglichen Arbeit benötigen?
(Mehrfachnennungen sind möglich)

Durch die Berufsausbildung	☐
Durch selbstorganisiertes/eigenständiges Lernen	☐
Durch Kollegen (Einweisung, Anlernen, Einarbeiten, etc.)	☐
Durch Vorgesetzte (Einweisung, Anlernen, Einarbeiten, etc.)	☐
Durch Erfahrungen im Rahmen der täglichen Arbeit	☐
Durch Weiterbildungsmaßnahmen des Personalwesens / der PE-Abteilung	☐
Durch abteilungsinterne Weiterbildungsmaßnahmen	☐
Durch private Weiterbildungsmaßnahmen (Meister-, Technikerschule, Fernkurse etc.)	☐
Durch Computer Based Training (CBT) / Web Based Training (WBT), E-Learning	☐
Sonstiges:	☐

Haben Sie im Unternehmen an Weiterbildungs- bzw. Personalentwicklungsmaßnahmen (z. B. Schulungen, Seminare, Kurse) teilgenommen? **ja** ☐ **nein** ☐

Thema	**Inhalt**	**Dauer** (h)
1. Arbeitssicherheit / Umweltschutz:		ca.
2. Technische Prozesse und Verfahren:		ca.
3. Qualitätsmanagement:		ca.
4. Informationstechnologie / Software:		ca.
5. Projektmanagement:		ca.
6. Problemlösung und Entscheidungsfindung:		ca.
7. Gruppen- / Teamarbeit:		ca.
8. Kommunikation / Konflikt:		ca.
9. Methodentraining (z. B. Moderation):		ca.
10. Persönlichkeitstraining:		ca.
11. Kaufmännisches Wissen:		ca.
12. Produkte und Therapiefelder:		ca.
13. Vertrieb/Marketing:		ca.
15. Fremdsprachen:		ca.
16. Führung:		ca.
17. Interkulturelle Kompetenz:		ca.
18. Sonstiges		

Folgende (Entwicklungs-/ Weiterbildungs-) Maßnahmen würden mir/meiner Gruppe die Arbeit erleichtern:

....

....

....

Welche beruflichen Entwicklungsziele/ -interessen haben Sie für die kommenden Jahre?

....

....

....

Besondere Fähigkeiten und Stärken	Vorhanden bitte hier 3 Angaben	Auszubauen bitte hier 3 Angaben
a) Flexibilität (z.B. Übernehmen neuer Aufgaben/ Tätigkeitsbereiche)	☐	☐
b) Manuelle Fertigkeiten	☐	☐
c) Kommunikationsfähigkeit	☐	☐
d) Kreativität	☐	☐
e) Problemlösefähigkeit	☐	☐
f) Strategisches Denken	☐	☐
g) Teamfähigkeit	☐	☐
h) Methodisches Vorgehen	☐	☐
i) Sonstige Fähigkeit:	☐	☐

Raum für Ihre Anmerkungen: ....

....

....

....

Vielen Dank für Ihre Unterstützung!

Erfassung der zukünftigen

Ziele

Veränderungen

Anforderungen

Kompetenzentwicklungsbedarfe

Interview geführt mit: ....

Interview geführt von:..

Interview geführt am: ....

Zentralbereich/Sparte: ....

Abteilung:...

Anzahl Mitarbeiter:

Hauptaufgaben der Abteilung oder Gruppe: ..

....

....

....

Bemerkungen: ....

....

A) Erfassung von Zielen / Veränderungen in den Abteilungen

A 1) Welche (strategischen) Ziele hat Ihre Abteilung / Ihr Bereich in der laufenden / kommenden Planungsperiode? (Planungshorizont / Zeitraum)

....

....

A 2) Stehen organisatorische, technische oder personelle Veränderungen in Ihrer Abteilung / Ihrem Bereich an?

....

....

....

B) Erfassung von künftigen Anforderungen an die Mitarbeiter

B 1) Welche zukünftigen Anforderungen an die Mitarbeiter sind absehbar / leiten sich aus den Veränderungen ab?

....

....

....

B 2) Welche Fähigkeiten und Stärken werden zukünftig verstärkt erforderlich sein?

bitte jeweils 3 Angaben	Bereich/Gruppe/Team ____________	Bereich/Gruppe/Team ____________
a) Flexibilität	☐	☐
b) Manuelle Fertigkeiten	☐	☐
c) Kommunikationsfähigkeit	☐	☐
d) Kreativität	☐	☐
e) Organisationsgeschick	☐	☐
f) Strategisches Denken	☐	☐
g) Teamfähigkeit	☐	☐
h) Methodisches Vorgehen	☐	☐
i) Sonstige Fähigkeit (eintragen):		

Waxmann

Ekkehart Frieling, Heike Bernard,
Debora Bigalk, Rudolf F. Müller

Lernen durch Arbeit

Entwicklung eines Verfahrens zur Bestimmung der Lernmöglichkeiten am Arbeitsplatz

2006, 380 Seiten, br., 29,90 €
ISBN 978-3-8309-1677-2

Diese Untersuchung zeigt: Investitionen in lernförderliche Arbeitsbedingungen rechnen sich für Unternehmen und Mitarbeiter. Wie aber können die Lernmöglichkeiten am Arbeitsplatz erfasst und bewertet, wie Schwachstellen aufgedeckt und Verbesserungspotenziale identifiziert werden?

In diesem Buch wird das Lernförderlichkeitsinventar (LFI), ein Verfahren zur Erfassung und Bewertung der Lernmöglichkeiten am Arbeitsplatz, seine methodische Überprüfung und sein praktischer Einsatz an mehr als 1.700 Arbeitsplätzen aus 60 Betrieben vorgestellt und diskutiert.

MÜNSTER · NEW YORK · MÜNCHEN · BERLIN

Ekkehart Frieling, Osvaldo Cristante,
Isabelle Le Mouillour (Hrsg.)

Kompetenz- und Organisations-entwicklung in Non-Profit-Organisationen

Gewerkschaften, Bildungsträger und öffentliche Verwaltung im wirtschaftlichen Wandel

2002, 284 Seiten, br., 19,90 €, ISBN 978-3-8309-1184-5

In der Forschung zur beruflichen Weiterbildung hat die Kompetenzentwicklung (KE) eine zentrale Bedeutung für die Stärkung des Humankapitals. In zahlreichen Studien mit Fokus auf den Industrie- und Dienstleistungsbereich wird den veränderten Qualifikations- und Kompetenzanforderungen nachgegangen und an KE-Strategien gearbeitet. Vom wirtschaftlichen Wandel sind jedoch nicht nur Unternehmen, sondern gerade auch Non-Profit-Organisationen wie Gewerkschaften, Bildungsträger oder der öffentliche Sektor betroffen. Gewerkschaftsfusionen zu branchenübergreifenden Mammutverbänden, die Nachfrage nach bedarfgerechten und zukunftsfähigen Weiterbildungsangeboten sowie die Forderung nach einer „neuen öffentlichen Dienstleistung“ durch den Staat stellen die betroffenen Organisationen aktuell vor enorme Herausforderungen – diese sind Kern dieser Studie.

Tätigkeitsorientiertes und tätigkeitsintegriertes Lernen, wie es in dem hier beschriebenen Projekt verstanden wird, hat die Organisationsentwicklung (OE) und die beschriebenen Reformprozesse der teilnehmenden Projektpartner zum Gegenstand. Ziel des Projektes ist es, von einer breiten Mitarbeiterpartizipation geprägte OE- und KE-Prozesse zu initiieren und im Sinne einer lernenden Organisation zu verstetigen.

Ekkehart Frieling, Simone Kauffeld,
Sven Grote, Heike Bernard

Flexibilität und Kompetenz:

Schaffen flexible Unternehmen kompetente und flexible Mitarbeiter?

edition QUEM, Band 12
2001, 304 Seiten, geb., 25,50 €, ISBN 978-3-8309-1019-0

Kompetenz, Flexibilität, Innovation – das sind Schlagworte, die in keinem modernen Managementkonzept fehlen dürfen. Doch was genau ist Kompetenz? Wie lässt sie sich messen, wie werden gewünschte Kompetenzen erkannt und im Unternehmen gefördert? Und wie steht es tatsächlich um die Kompetenz und Flexibilität der Mitarbeiter sowie der Führungskräfte am Standort Deutschland? Eine Studie der Universität Gesamthochschule Kassel räumt nun mit manch moderner Wandermär von Unternehmensberatungen und angenehmen Selbstzuschreibungen in Unternehmen auf. Denn mit dem Kasseler-Kompetenz-Raster (KKR) können erstmals Kompetenzen anhand objektiver Verhaltensdaten untersucht und unternehmensübergreifend verglichen werden. Dabei zeigt sich nicht nur, dass die Sozialkompetenz zur Bewältigung von Optimierungsaufgaben weit überschätzt wird, sondern auch, dass eigene Entscheidungsspielräume nicht genutzt und konkrete Maßnahmen zur Problemlösung oft nicht ergriffen werden. Weitere Ergebnisse lassen sich thesenartig zusammenfassen:

- Kompetenz und Persönlichkeit sind unabhängig.
- Organisationales Wissen kann nutzen, aber auch schaden.
- Flexible Unternehmen fordern und fördern ihre Mitarbeiter.
- Gruppenarbeit macht kompetent.
- Investitionen in fachübergreifende Weiterbildung lohnen sich.
- Brachliegende Kompetenzen können mit dem Kasseler-Kompetenz-Raster erkannt werden.
- Flexible Mitarbeiter/innen gibt es überall – aber viele sind nicht räumlich flexibel.